计算机科学与教育技术应用研究

SCEG2015研讨会论文集

赵正旭　王正友 ◎ 编著

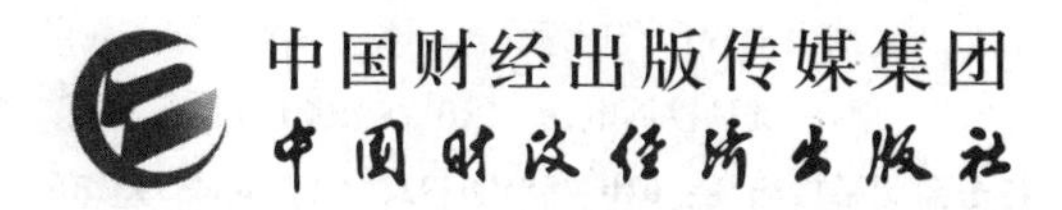

图书在版编目（CIP）数据

计算机科学与教育技术应用研究：SCEG2015 研讨会论文集／赵正旭，王正友编著．—北京：中国财政经济出版社，2016.10

ISBN 978－7－5095－7006－7

Ⅰ.①计…　Ⅱ.①赵…②王…　Ⅲ.①计算机科学－学术会议－文集
Ⅳ.①TP3－53

中国版本图书馆 CIP 数据核字（2016）第 239696 号

责任编辑：卢关平　　责任校对：刘　靖
封面设计：孙俪铭　　版式设计：兰　波

中国财政经济出版社出版

URL：http：//www.cfeph.cn
E－mail：cfeph@cfeph.cn

社址：北京市海淀区阜成路甲 28 号　邮政编码：100142
营销中心电话：88190406　北京财经书店电话：64033436　84041336
北京财经印刷厂印刷　各地新华书店经销
787×1092 毫米　16 开　13.25 印张　249 000 字
2016 年 12 月第 1 版　2016 年 12 月北京第 1 次印刷
定价：29.00 元
ISBN 978－7－5095－7006－7/TP·0044
（图书出现印装问题，本社负责调换）
本社质量投诉电话：010－88190744

《计算机科学与教育技术应用研究》
编 委 会 名 单

内容简介

本书编录了石家庄铁道大学信息科学与技术学院参加2015年“计算机科学与技术及教育技术”学术研讨会的硕士研究生、优秀本科毕业设计、大学生创新创业训练项目作品27篇。内容涵盖计算机科学与技术重点学科、一级学科以及教育技术学二级学科所辖的多个研究方向。涉及虚拟现实与可视化技术、软件开发与测试技术、网络技术与应用、算法及图像处理、嵌入式技术及应用、教育技术及应用等多个应用研究领域。

本书可作为高等学校计算机科学与技术、教育技术学硕士研究生培养参考用书，也可作为指导计算机类本科专业、电子信息类本科专业毕业设计教师参考用书。

前 言

2015 年"计算机科学与技术及教育技术"学术研讨会（Symposium on Computing Science, Technology & Education for Graduates, SCEG2015）于 9 月 26 日在石家庄铁道大学信息科学与技术学院成功召开。

本次大会围绕学科发展趋势和人才培养模式两个主题，以"积极进取、拓宽视野、提高层次"为宗旨，受到了学校领导以及相关部门的高度重视和大力支持。大会主席由信息学院院长朴春慧教授担任，信息学院的教师代表以及全体研究生出席了会议。大会分别由王正友教授和綦朝晖教授主持，信息学院 2014 级全体研究生及其导师在各会场上做了学术研究报告，并针对国内外相关的前沿课题以及研究内容进行了交流和探讨。参会代表就各自专业方向的热点问题、研究方法、阶段成果进行了交流，对信息学院的学科内容和发展方向以及人才培养的需求和挑战进行了探讨和论证，为未来的人才培养提供了一个崭新的学术交流平台。学术研讨会受到了广泛关注和积极投稿，筹备期间，共征集到来自研究生、毕业设计、创业创新项目等各方面的论文近 300 篇。

《计算机科学与教育技术应用研究》（以下简称本书）收录了学术研讨会的部分交流论文。本书按照章节编排，共分为虚拟现实与可视化技术、软件开发与测试技术、网络技术与应用、算法及图像处理、嵌入式技术及应用、教育技术及应用 6 章，共 27 篇，约 23 万字。

本书的出版得到省校有关领导及相关部门的高度重视和大力支持；河北省高校省级"专业综合改革试点"（冀教高〔2012〕53 号）、河北省高校二级学院综合改革试点（冀教高〔2012〕63号）等项目为本书的出版提供了经费支持；在本书的后期编辑出版过程中，中国财政经济出版社提供了大量帮助，对此，一并表示诚挚的谢意。

由于文稿数量多，编辑工作量大、时间紧，且编者水平有限，本书有不当之处，敬请指正。

《计算机科学与教育技术应用研究》编委会

2015年12月17日

目　录

第 1 章　虚拟现实与可视化技术

第 2 章　软件开发与测试技术

第 3 章　网络技术与应用

第 4 章　算法与图像处理

第 5 章　嵌入式系统及应用

第 6 章　教育技术及应用

第1章 虚拟现实与可视化技术

三维地图可视化大数据

任利敬　赵正旭

（石家庄铁道大学信息科学与技术学院，河北石家庄市 050043）

【摘要】目前数据可视化在可视化过程中存在表达不够精确、表达方式单一、不能突出数字信息规律性等问题。针对于此，提出了基于三维地图可视化大数据的研究方案。该方案利用ArcGIS地理信息系统制作专题地图承载数据，Maple控制数据，同时利用相关可视化辅助工具对数据进行辅助分析和表达，进而对数据的规律性进行研究。该方案的研究为数据可视化的多样性和可靠性提供了理论依据，从而在数据可视化的表达方式上有一定的突破。

【关键词】可视化　ArcGIS　大数据　三维地图

Three - dimensional map visualization of large data

Ren Lijing, Zhao Zhengxu

(School of Information Science and Technology, Shijiazhuang Tiedao University, Shijiazhuang 050043, China)

【Abstract】Data Visualization currently exist in the visual expression of the process is not precise enough, a single expression, not outstanding digital information laws and other issues. In light of this proposed research program based on a three - dimensional map visualization of large data. The program draws on ArcGIS geographic information systems to create thematic maps carry data, Maple control data, while taking advantage of the relevant visual aids to assist data analysis and presentation, and then on the regularity of the data was studied. To study the program for data visualization diversity and reliability provides a theoretical basis, so there is some breakthrough in data visualization expression.

【Keywords】Visualization　ArcGIS　Big Data　Three - Dimensional Map

信息时代的迅速发展，海量的数据像一个大网包围在地球的上空，用图形、表格的形式表现数据之间的关系已经过时。大数据时代已经来临，数据可视化成为计算机领域比较热门的话题，在将大数据可视化的同时，用不同的方式挖掘数据背后的信息，为企业、个人、政府作出发展对策提供相应参考依据[1]。比如，全国各大城市的用电情况可视化，某市空气污染与癌症发病率数据关系的可视化，某地区人大委员投票情况的可视化，等等。大数据的可视化是面向应用的，只有与具体的行业结合起来才是有价值的。但是我们如何才能把这种规律性友好地展示给大众，这是一个很重要的问题，我们发掘大数据的意义不是掌握庞大的数据信息，而是要对这些含有意义的数据进行专业化的处理。通过可视化的途径，能够用三维地图显示发掘的数据是本研究的主要内容。

随着技术的不断发展，用三维地图可视化数据是发展的趋势，数字地球、数字城市、数字小区等概念相继提出，使数据的表现形式从二维向三维空间发展，提高人们的视觉设计水平，实现人与信息数据的交互，使人们的生活发生质的改变。地图可视化数据是对数据视觉表现形式的创新。数据可视化并不是最新的名词，但是从繁杂的数据到空间可视化，从毫无关系的数字符号到经济发展背后的意义，数据可视化是在用数据向世界展示自己的内在美。数据信息可视化的重点是利用计算机技术、多媒体技术、数字技术等手段，把人们无法设想和想象以及接近或相似的环境、事物等用动态直观的形式表现出来，进而达到揭示自然以及社会发展规律的目的。

1　三维地图可视化大数据的基本原理

1.1　Maple 控制数据

Maple 以其强大的数学功能著称，有“数学家的软件”的美称，它的计算功能非常强大，方便易用；对硬件的要求较低，一般计算机均可满足；同时 Maple 也具有编程功能，它的语言类似于 Pascal，很容易掌握；内置函数丰富，采用它能节省宝贵的时间。利用 Maple 强大的数学、编程和绘图技术特征可处理挖掘的大数据，对数据信息建模，梳理出数据信息的规律性。在使用 Maple 对收集的数据进行处理时，可以充分发挥 Maple 软件的数学引擎特点，对统计数据进行分析、优化、计算，达到整理数据和发现数据规律的目的。

1.2　ArcGIS 承载数据

地理信息系统平台（ArcGIS Desktop）下的四个用户界面的 Windows 桌面应用程序：ArcMap、ArcCatalog、ArcGlobe、ArcScene，四个应用程序有各自不同的用途，根据每个应用程序的功能，达到熟练掌握四个应用程序的使用技巧。ArcMap 主要用于显示和浏览地理数据。ArcCatalog 是为 ArcGIS Desktop 提供组织和管理各类地理数据的目录窗口。通过对 ArcCatalog 的使用，学会组织管理地理信息中的地理数据库、栅格和矢量文件、地图文档、GIS 服务器以及 GIS 信息的元数据等。ArcGlobe 是 ArcGIS 桌面系统中 3D 分析扩展模块中的一部分；ArcGlobe 具有对全球地理信息连续、多分辨率的交互式浏览功能，支持海量数据的快速浏览。ArcScene 用于展示三维透视场景、对数据量比较的场景进行可视化和分析，通过 ArcScene 能够以三维立体的形式显示要素，也可以采用不同的方式对三维视图中的各个图层进行处理，达到使用 ArcScene 展示某地区地形界面的效果[4]。

ArcGIS 内导入某个国家或者国内某省或者某市/区的地图，通过颜色可视化和地域可视化两种可视化方法显示数据信息。利用 ArcGIS 的地理信息系统平台软件，可以创建地图或者使用导入地图，编辑和管理地理数据，分析、共享和显示地理信息。例如，通过数据加载，导入中国地图，可对中国地图进行编辑。如图 1 在地图上加入柱状图，对比不同地区的数据信息。

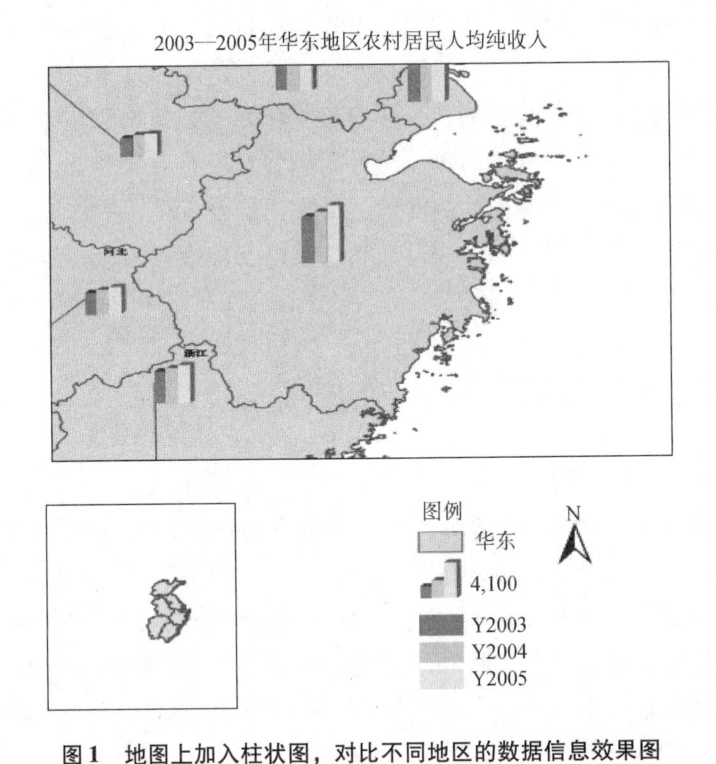

图 1　地图上加入柱状图，对比不同地区的数据信息效果图

为了能充分表达数据信息的规律性，仅选用 Maple 和 ArcGIS 这两个软件还远远不够，在处理大量数据时，要通过多款软件的辅助，才能把数据的可视化用更加完美的形式呈现给用户。经过筛选，选用 Processing、PolyMaps、Charting Fonts、CartoDB、ModestMaps、OpenHeatMap 六款大数据可视化分析工具，辅助 ArcGIS 和 Maple 完成三维地图可视化数据。图 2 是三维地图可视化数据的系统流程图。

2　三维地图可视化数据研究的意义

用三维地图可视化的方式展示数据信息的规律性。不同行业不同的数据信息能够在地图上以三维空间的形式呈现，达到展示数据信息的目的，用户可以直观地了解到数据的规律。比如，农业部门可以从地图上直观地看到各个地区的粮食产量；环保部门可以从地图上直接观测某地区环境的污染指数；计划生育部门可以从地图上采集到

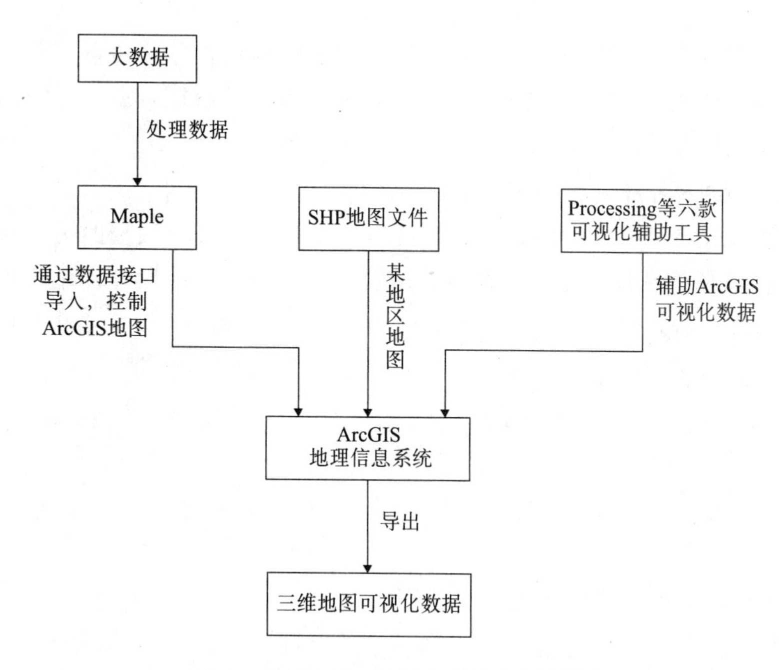

图 2　三维地图可视化数据的系统流程图

某地区的出生或者死亡率等等。通过对地图的操作来表示不同的数据，以地图结构为框架，不同地区以颜色的不同来表示数据量的不同；或者以符号的密集度来表示本地区数据的聚集程度等。在地图上承载数据的形式还有很多，用户可以根据自己的需求通过使用可视化数据分析工具做出不同展示数据信息的新形式。三维地图展示的数据是通过数据挖掘技术获取的各行各业的数据信息，能够代表本行业在一段时间内的发展方向和发展趋势，因此，对三维地图可视化数据进行仔细分析，从中收集信息、掌握信息的内涵，从而能够把握住本行业的发展趋势，能够使本行业的工作者在行业发展中成为领军人物。比如，政府情报部门能够通过分析三维地图可视化的数据高效率的收集情报信息。

用三维地图承载数据，不仅能让数字更直观地表达，也便于不同领域的工作人员之间传递、共享数据，提高了其他领域工作人员利用地图可视化数据分析结果解决本领域面临问题的能力。

3　三维地图可视化数据的研究方案

3.1　获取数据源

为了收集到有价值的数据信息，本次研究可以使用数据收集器通过网络收集数据，或者通过一些开放的数据平台获得，也可以通过实验收集数据，但是考虑到时间原因，本次研究的数据来源就不在考虑通过实验收集的方式获取。为了使本次研究在今后能够最大限度地发挥作用，也为了本次研究具有代表性和可行性，对数据信息的收集要严格筛选。本次研究数据信息的来源主要是收集新闻中的数据资源、网络用户数据及网络公共数据资源或者政府机构、企业等发布的公开数据。

3.2 相关数据可视化辅助工具分析

大数据可视化分析工具种类繁多，选择有意义的方式实现数据的可视化和数据的交互性。数据可视化辅助工具能够提高数据表达的准确性和可读性，用户可以通过分析可视化辅助工具提供的图形图表，结合 ArcGIS 制作的某一类型的专题地图对数字信息进行深入了解。下面对本次用到的相关可视化辅助工具进行简单介绍：

（1）Processing 是数据可视化的招牌工具，把它编译成 Java 几乎在所有平台上都可以运行。

（2）PolyMaps 是一个地图库，主要面向数据可视化用户，地图库的风格独树一帜。

（3）Charting Fonts 能够创建矢量化图表。

（4）CartoDB 能够轻易把表格数据和地图关联起来，在今后的研究工作中，难免会遇到各种类型的数据，当遇到 Excel 表格数据时，就可以使用这款辅助软件，有效地完成数据和地图的转换。

（5）ModestMaps 是一个小地图库，这个类库能帮助我们在本次研究过程中与地图进行交互。

（6）OpenHeatMap 是一个世界地图，可依据开放协议自由使用，用户可以通过它上传数据，创建新的地图，进行信息交流。这款可视化辅助工具可以把数据转化为交互式的地图应用，并在网上分享。

3.3 创建系统研究平台

本次研究创建系统平台需要计算机一台，在 Windows 操作系统环境下把 Maple、ArcGIS、Processing、PolyMaps、Charting Fonts、CartoDB、ModestMaps、OpenHeatMap 可视化软件安装成功。利用集成开发环境中的空间模板创建一个图形用户界面，把所需要的软件放到同一个图形用户界面中，单击按钮即可弹出相应软件的工作界面。这样本次研究的系统环境也就完成，在今后的研究中即可方便地调度各个软件，完成研究工作。

4 结 论

本次研究的任务是用三维地图完成数据的可视化，为了探索繁琐复杂的抽象信息间的关系，我们需要把大量的信息加以分析和归纳，并且从数量庞大而又杂乱无序的数据信息中发现其隐藏的本质特征和规律。要完成这样的任务，就要利用计算机技术、多媒体技术、数字技术等手段相结合办法，把某种数据背后隐藏的动态信息用直观的形式表现出来，进而达到揭示某行业数据发展规律的目的。

三维地图可视化数字信息在国内是比较新颖的可视化方法，如何使用地图把数字信息更直观、精确地可视化，如世界各地的人口分布情况、环境变化以及降水量分布情况是数据可视化下一步研究的重点。

参考文献

[1] 冯莎．统计资料的数据可视化应用探讨［J］．中国统计，2014，(6)．

[2] 彭兰．“信息是美的”：大数据时代信息图表的价值及运用［J］．大数据时代，2013，(6)．

[3] 杨彦波，刘滨，祁明月．信息可视化研究综述［J］河北科技大学学报，2014，35 (1)．

[4] 牟乃夏，刘文宝，王海银，戴洪蕾．ArcGIS 10 地理信息系统教程［M］．北京：测绘出版社，2012.

[5] 严斌，陈能．GIS 数据在专题地图可视化表达中的应用［J］．地理空间信息，2012，10.

[6] 焦洋，邓鑫，李胜才．基于 Python 的 ArcGIS 空间数据格式批处理转换工具开发［J］．现代测绘：2012，35 (3)．

[7] 邬伦，刘瑜，张晶，等．地理信息系统——原理、方法和应用［M］．北京：科学出版社，2001.

作者简介

任利敬（1987—），女，河北省邢台人，石家庄铁道大学信息科学与技术学院教育技术学专业，硕士研究生，电子邮件：310368284 @ qq. com，研究方向：三维地图可视化大数据。

赵正旭（1960—），男，山东省青岛人，教授，长江学者，博士生导师，电子邮件：zhaozx@ stdu. edu. cn，主要研究领域：小世界网络系统，虚拟现实技术及应用。

3ds 模型的文件格式及分类编码研究

陈蕾　赵正旭

（石家庄铁道大学信息科学与技术学院，河北石家庄市 050043）

Research of Classification and Coding and File Format of 3ds Models

Chen Lei, Zhao Zhengxu

(School of Information Science and Technology, Shijiazhuang Tiedao University, Shijiazhuang 050043, China)

【摘要】3D 技术的快速发展使得三维模型的数量呈爆炸性增长，大量模型可以重复使用。但是面对庞大的三维模型数据库，如何复用现存的三维模型成为一个迫切需要解决的问题。本文主要分析了 3ds 格式的模型文件，通过研究 3ds 文件的内部数据结构，提出将其分类编码的思想，根据 3ds 文件的十六进制数据序列为部分模型编码。同时探究一种适合于 3ds 模型分类与编码的规范，过程中引入巴科斯范式（BNF）对该规范进行描述。将 3ds 模型规范化管理便于快速检索到所需模型，从而提高网络数据库中 3ds 模型资源的复用率及搜索效率，进一步促进 3D 技术的发展。

【关键词】3ds 文件　复用　BNF　分类编码

【Abstract】 The rapid development of 3D technology makes the explosive growth in the number of 3D models, thus a large number of models can be reused. However, in the face of huge 3D model database, how to reuse the existing 3D models become an urgent problem that need to solve. This paper mainly analyzes the 3ds model file format, through researching the internal data structure of 3ds file, puting forward the thought of classification and coding, and coding for some models according to the 3ds file hexadecimal data sequence. And, this paper explores a standard of classification and encoding suitable for 3ds model, in the process, introducing Backus Normal Form (BNF) to describe the specification. The 3ds model's standardization management can facilitate the quickly retrieve model, thus improving 3ds model resources' reuse rate of the network database and searching efficiency, further promoting the development of 3D technology.

【Keywords】 3ds files　Reuse　BNF　Classification and coding

随着科技日新月异的变化，3D 建模技术也在不断发展，Web 程序、APP、桌面系统等应用逐渐以 3D 的形式呈现给用户。由于目前有数以兆计的 3D 模型存在，而且每天都有大量的 3D 模型产生和传播，在海量的模型库中检索所需模型相当不容易。通过对三维模型分类编码，可以将其规范化管理，有助于后期检索系统的开发和改善。虽然国内外对于 3D 模型已经做了一些研究，但大部分都集中在对 3D 模型的检索方法上，包括基于视图的方法、基于形状的检索技术、基于拓扑结构的检索技术、基于图像比较的检索技术等，这些文献都是对模型坐标标准化、特征提取与索引、相似性匹配、应用系统开发实例等方面的研究进展进行阐述，有关三维模型分类编码的研究相对缺乏[1]。对于 3ds 文件的研究，大多集中在 3ds 模型的读取、重绘和控制等方面，分析 3ds 的文件结构并进行分类编码的研究较少，没有一套适用于 3ds 模型的分类编码规范，这就导致大量的 3ds 模型资源得不到更好的利用。

本文分析了 3ds 模型的文件格式，提出对 3ds 模型分类编码、规范化管理的想法，并引入巴科斯范式（BNF）将描述语言规范化，能有效避免语言上的歧义，从而使得对 3ds 文件的分类编码更加简洁明了，进一步提高 3ds 模型的复用率。

1 3ds 文件分析

1.1 3ds 文件格式

3ds 是 3dsMax 软件的建模数据文件，扩展名为“. ds”，是业界的通用标准格式之一。3ds 文件中保存有三维建模所需的点、线、面、材质等属性特征，能稳定地保存模型 mesh 信息和 UV 信息，也兼容基础骨骼和基本动画，不过现在主要用来储存 mesh 模型[2]。

3ds 文件结构是由“块”组成的，这些“块”描述了 3ds 文件的数据信息，它由两部分组成：（1）ID；（2）下一个数据块的位置。每一个“块”都是以 2 个字节的 ID 开始，之后是 4 个字节的块长度信息，紧接着是块数据信息[3][4]。3ds 文件是层级结构，一层包含一层，大块包含小块，都有自己的 ID。所有的 3ds 文件都是以主块 0x4D4D 开始的，作为判断一个文件是不是 3ds 文件的标准。3ds 文件的 ID 和位置结构（只选取了部分）如图 1 所示：

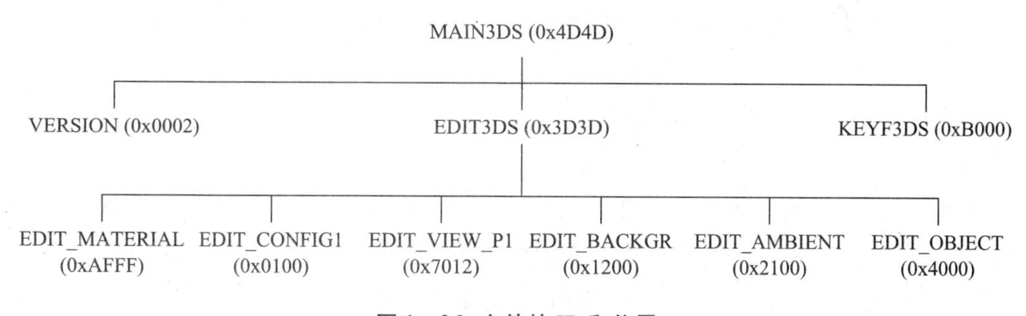

图 1 3ds 文件的 ID 和位置

1.2 3ds 数据文件解析

3ds 文件的二进制位存储顺序是低字节在前、高字节在后，比如，7B 4C（十六进制，2 个字节），存储的时候顺序是 7B 4C，实际是 4C 7B，这里的 7B 是低字节，4C 是高字节[2]，所以在读取 3ds 数据文件的时候必须考虑这个规则。

通过工具 C32asm 读取一个名为吊灯的 3ds 文件，如图 2 所示：

```
Enjoy C32asm   (HEX)吊灯.3DS
00000000: 4D 4D 4D 44 01 00 02 00 0A 00 00 00 03 00 00 00
00000010: 3D 3D BD 38 01 00 3E 3D 0A 00 00 00 03 00 00 00
00000020: FF AF B2 00 00 00 00 A0 13 00 00 00 30 32 20 2D
00000030: 20 44 65 66 61 75 6C 74 00 10 A0 0F 00 00 00 11
00000040: 00 09 00 00 00 E6 E6 E6 20 A0 0F 00 00 00 11 00
00000050: 09 00 00 00 E6 E6 E6 30 A0 0F 00 00 00 11 00 09
00000060: 00 00 00 E5 E5 E5 40 A0 0E 00 00 00 30 00 08 00
00000070: 00 00 32 00 41 A0 0E 00 00 00 30 00 08 00 00 00
00000080: 78 00 50 A0 0E 00 00 00 30 00 08 00 00 00 14 00
00000090: 52 A0 0E 00 00 00 30 00 08 00 00 00 00 00 53 A0
000000A0: 0E 00 00 00 30 00 08 00 00 00 00 00 00 A1 08 00
000000B0: 00 00 03 00 84 A0 0E 00 00 00 30 00 08 00 00 00
000000C0: 00 00 8A A0 06 00 00 00 87 A0 0A 00 00 00 00 00
000000D0: 80 3F FF AF B2 00 00 00 00 A0 13 00 00 00 30 37
000000E0: 20 2D 20 44 65 66 61 75 6C 74 00 10 A0 0F 00 00
000000F0: 00 11 00 09 00 00 00 96 96 96 20 A0 0F 00 00 00
00000100: 11 00 09 00 00 00 E6 E6 E6 30 A0 0F 00 00 00 11
00000110: 00 09 00 00 00 E5 E5 E5 40 A0 0E 00 00 00 30 00
00000120: 08 00 00 00 32 00 41 A0 0E 00 00 00 30 00 08 00
00000130: 00 00 78 00 50 A0 0E 00 00 00 30 00 08 00 00 00
00000140: 1E 00 52 A0 0E 00 00 00 30 00 08 00 00 00 00 00
```

图 2 吊灯 3ds 文件的十六进制数据

图 2 所显示的十六进制数据以两个字节的块 ID 开始，之后是 4 个字节的块的长度信息。从该 3ds 文件中截取一组数据如下：

4D 4D 4D 44 01 00 02 00 0A 00 00 00 03 00 00 00 3D 3D BD 38 01 00…

（1）首先，4D4D 是该文件的主块 ID，占两个字节。

（2）之后的 4 个字节保存的是主块的长度信息，也就是整个文件的长度。由于 3ds 二进制数据是按低位在前、高位在后存储的，所以主块的长度为 0x0001444D。

（3）接着是该 3ds 文件的第一个子块的 ID，0x0002。子块的长度是 0x0000000A。

（4）之后的块 ID 未知，归为未知信息，可以跳过。

（5）0x3D3D 是主编辑块的 ID。该块的长度为 0x000138BD。

（6）之后的字节读取规则按如上步骤。

2 3ds 文件的 BNF 表示法

BNF 是定义语句语法的一种规范，是一种形式化方法，类似于 Z 语言的规格说明，结构为非终结符、符号、终结符[5]。简而言之，就是用一种终结符代替非终结符，把所要表达的内容简化地描述出来[6]。BNF 规定是推导规则的集合，写为：

<symbol> ::= <expressions with symbol>

在描述 3ds 文件的时候，如果用自然语言描述，首先，可能会因为一些语言共识或者描述方式的不同，造成理解上的歧义。其次，每个 3D 模型都有自己的特点，都描述出来就会很繁杂，这些语句可能只换了一个形容词或名词，会增加许多重复的工作。如果用一种规范定义出 3ds 文件的描述形式，只需要套用形式就可以，可以减少工作量。使用 BNF 语句将其描述如下：

① <3dsFile> : : = <MAIN3DS> + <VERSION> + <EDIT3DS> + [KEYF3DS]

或：<3dsFile> : : = <Ox4D4D> + <Ox0002> + <Ox3D3D> + [OxB000]//下文中只使用第一种描述方式

3ds 文件总是以主块开始的，MAIN3DS 是必选项，用尖括号括住表示必选。紧接着是版本信息块、编辑信息块和关键帧块。关键帧信息块是关于帧动画信息的数据，所以并不是必须存在，用 [ ] 括起来表述可选项内容。上述三个“块”细化如下：

② <EDIT3DS> : : = [EDIT_MATERIAL] + <EDIT_CONFIG> + <EDIT_VIEW_P3> + [EDIT_BACKGR] + <EDIT_OBJECT> {+EDIT_UNKNWN}

③ <EDIT_MATERIAL> : : = <EDIT_NAME01> + [MAT_AMBCOL] + [MAT_DIFCOL] + [MAT_SPECOL] + <MATMAP>

④ <EDIT_VIEW_P3> : : = <TOP> + <BOTTOM> + <LEFT> + <RIGHT> + <FRONT> + <BACK> + <USER> + <CAMERA> + <LIGHT> + [DISABLED] + [BOGUS]

⑤ <EDIT_OBJECT> : : = <OBJ_TRIMESH> + <OBJ_LIGHT> + [OBJ_CAMERA] {+OBJ_UNKNWN}

⑥ <OBJ_TRIMESH> : : = <TRI_VERTEXL> + <TRI_VERTEXOPTIONS> + <TRI_MAPPINGCOORA> + <TRI_MAPPINGST ANDARD> + <TRI_FACEL1>

⑦ <OBJ_LIGHT> : : = <LIT_OFF> + <LIT_SPOT> + <LIT_UNKNWN01>

⑧ <OBJ_CAMERA> : : = <CAM_UNKNWN> {+CAM_UNKNWNN}

⑨ <KEYF3DS> : : = <KEYE_UNKNWN01> + <EDIT_VIEW1> + <KEYF + FRAMES> + <KEYF_OBJDES> {+KEYF_UNKNWN}

⑩ <KEYF_OBJDES> : : = <KEYF_OBJHIERARCH> + <KEYF_OBJDUMMYNAME> + <KEYF_OBJTRANSLATE> + <KEYF_OBJROTATE> + <KEYF_OBJSCALE> {+KEYF_OBJUNKNWN}

EDIT_ UNKNWN、OBJ_ UNKNWN 等指的是一些未知信息块，它可以有多个，也可以没有，所以用花括号括起来，表示重复 0 到无数次。

3　3ds 文件的分类与编码

对于三维模型的分类，国内外也有相关研究，比如基于内容相似性的三维模型分类与检索，基于形状的分类等[7-9]，但是研究3ds模型文件格式，并根据“块”结构为其分类的研究还比较少。根据中图法的分类思想，分类原则为先分基本大类，之后逐步细化分类。对于一个3ds模型，可以用来区分它的最主要性质就是材质，所以按材质类将3ds文件分为基本部类，比如塑料、陶瓷、木质、透明等，还有可能是无材质，也就是默认缺省材质。假如说在编码位的第一位是主块位，赋予A，那所有的3ds模型编码都是以A开头的。第二位定义为材质位，给无材质分配编码号为A，塑料为B、陶瓷为C、木质为D、透明为C等；第三位定义为颜色位，白色为0、红色为1、黑色为2、黄色为3、绿色为4等，只要看到对应位上的数字，然后找到相应分类标准的编码号，就可以知道这一位的数字代表什么，即如果给定一个模型的序列码：AB3，那根据分类编码规范就可以判断出，这是一个黄色的塑料的3ds模型。

按材质分为基本部类之后，对于每一种材质的各项参数也是不一样的，还要对每个具体的材质模型进行细分。材质类的子类有：材质名称、环境色、漫射色、反射色、亮度及材质纹理等。材质名称是一个用户可以自定义的“块”，这个不作为重要的分类标准。环境色、漫射色、反射色、亮度及材质纹理等信息基本上决定了一个材质的类型。每个材质中的环境色都有自己固定的参数，如果同样为塑料材质的，环境色不同，可能会有颜色上的区分，比如深色、浅色。所以，具体的参数设置作为下一级分类标准。另外，对象块也是一个模型中比较重要的块，通俗地说，这个块代表的就是我们所看到的编辑对象。它包括了一些网格信息、顶点、面等重要分类信息，通过工具读取3ds数据的时候，可以读出该对象块中的网格数据、顶点数及顶点坐标和面数等，可以通过这些数据对该模型进行分类（见图3）。

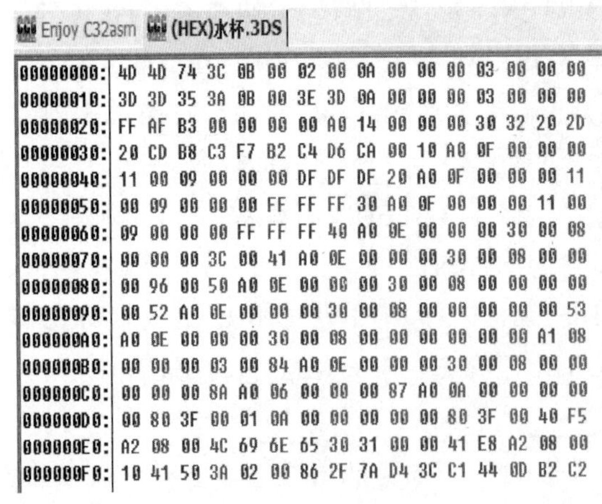

（a）.max格式的水杯模型

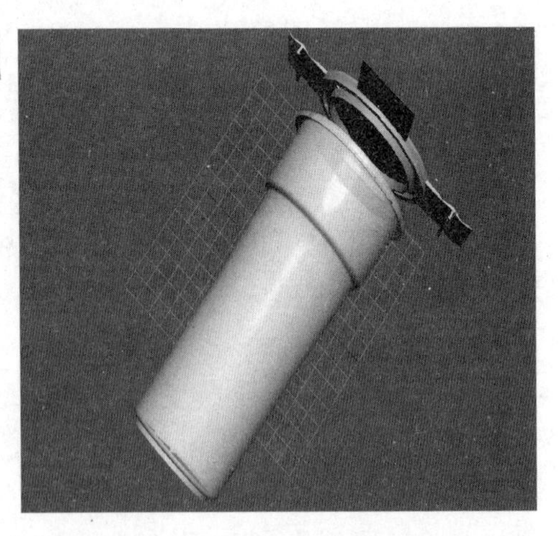

（b）水杯3ds模型的十六进制数据格式

图3　水杯的三维模型

图3是一个水杯的三维模型，图a是3dsMax建模软件构建的三维模型，图b是通过C32asm读取的3ds文件的十六进制数据（截取的一部分）。如果对其编码，我们需

要先按位定好一个序列，比如这个编码序列的第一位代表的就是主块位 0x4D4D，为了简化，把第一位定为 A，代表 0x4D4D 这个序列。在图 b 中紧跟在 4D4D 之后的 4 个字节 74 3C 08 00 代表的是这个文件的大小，在编码序列中第二位和第三位表示的就是文件的大小，如果数字太大可以用进制转化，或者用符号代表某个大数，但在之前需要提前声明。同样，接着下一行的 3D3D 编辑块用 B 表示，在编码序列的某一位确定为编辑块位，只要在这个位上出现 B 那就代表编辑块开始，之后的数据代表编辑块的数据。

简单地说，就是一个标志位，比如主块开始，后面的一大串数据，通过进制转化，缩短位数。把这个文件转化完之后，形成新的一串数据。了解了之前定义的编码规范之后（这个规范在之后用 BNF 来描述），根据这串数据就大致能判断出这是怎样的一个模型。根据 3ds 文件的十六进制数据列表，可以用编程的方法搜索相应的“块”或 ID，利用指针寻找所需地址，将该地址位的数据转换成一种编码号，最后将所有的转换码汇总，得到的就是该模型的编码。这里的编号在探究分类编码规范时，借鉴中图法的思想制定。

4　结　论

由于现在的三维模型较多，人们对于三维模型的设计思路发生了变化，从考虑如何构造三维模型到如何对现存的三维模型实现重用、复用。本文在 3D 技术不断普及的大背景下，综合分析了国内外有关 3D 模型形状分析的相关研究，提出了一种根据 3ds 文件“块”结构分类的思想，并提出将 3ds 模型编码、规范化管理的思想。编码型标注相对于自然语言标注，避免了文本标注时，由于一些语言共识或描述方式的不同所造成的歧义。引入 BNF 形式化语言，将 3ds 文件用 BNF 描述出来，使其表述更简洁明了。3ds 作为 3D 软件的一种通用格式，可以用不同的 3D 软件打开，将其规范化管理可以提高 3ds 模型的复用率和搜索效率，同时也会提高 3D 技术的发展，所以对 3ds 文件的分类编码研究不仅具有理论意义，还具有实际应用价值。

参考文献

[1]　霍磊，吕学强．基于显著点切片的三维模型检索［J］．微电子学与计算机，2015，8.

[2]　刘爽，张恒博．三维建模软件 3ds Max 数据文件 3ds 的解析［J］．大连民族学院学报，2012，3：260－264.

[3]　刘芳，刘贤梅．3DS 文件读取、绘制与控制方法的研究与应用［J］．计算机工程与设计，2009，19：4575－4578.

[4]　百度文库，2015，Autodesk 公司官方 3ds 文件格式介绍，http：//download.

csdn. net/detail/whucv/4851225.

[5] 温晋杰，赵正旭. OpenGL 图形规范的 Z 形式化描述 [J]. 河北省科学院学报，2014，31 (2)：41 - 48.

[6] 姜冶，管仁初，梁艳春. 整合 Dmoz 和 Yahoo 标签的 BNF 文法及其实现 [J]. 计算机工程与设计，2009，19：4520 - 4523.

[7] Content - based similarity for 3D model retrieval and classification [J]. Progress in Natural Science，2009，04：495 - 499.

[8] 3D model retrieval and classification by semi - supervised learning with content - based similarity [J]. Information Sciences，2014，281：703 - 713.

[9] Iterative 3D shape classification by online metric learning [J]. Computer Aided Geometric Design，2015，35 - 36：192 - 205.

大众参与科学研究及其应用

解卫静　赵正旭

（石家庄铁道大学信息科学与技术学院，河北石家庄市 050043）

Crowd Science and Its Applications

Weijing Xie, Zhengxu Zhao

(School of Information Science and Technology, Shijiazhuang Tiedao University, Shijiazhuang 050043, China)

【摘要】随着公众科学素质的提高、互联网的普及和大数据时代的来临，大众参与科学研究（众科）成为一种更加有效的科研方式。本文主要介绍众科的历史和现状，重点分析众科项目的类型、运行框架和项目评价，并为后续工作——尝试将众科应用于国产操作系统的研发和推广做一说明。

【关键词】大众科学　公众参与　国产操作系统

【Abstract】With the improvement of public science literacy, the popularity of the Internet and the coming of the era of big data, the public participation in scientific studies (crowd sicence) become more effective. This paper mainly introduces the history and current situation of crowd sicence, analyzes the types of the secco project, operational framework and project evaluation, and for the follow - up work, making a description for a try that crowd science is applied to domestic research and development and promotion of the operating systems.

【Keywords】Crowd science　Public participation　Native operating systems

1　相关工作

大众参与科学研究（以下简称众科）正在迅速地扩大我们对周围世界的了解，深化公众对科学过程的理解并且帮助公众进行管理和政治决策[1]。众科，又称大众科学、公众科学、众包科学、公民科学、群智科学、市民科学、志愿者监控或网络科学，指公众参与的科学研究，包括非职业的科学家、科学爱好者和志愿者参与的科研活动。众科是一种整合生态研究与环境教育和自然历史观测不可或缺的手段，范围从社区监控到使用互联网进行“众包”各种科学任务，涵盖科学问题探索、新技术发展、数据收集与分析等[2,3]。众科的主要影响在于对全球气候变化的生物研究，包括分析物候学、景观生态学、宏观生态学，以及聚焦在物种（罕见和入侵）、疾病、人口、社区和生态系统的分支学科。众科和由此产生的生态数据生成可以被视为一个公共利益，通过越来越多的协作工具和资源，同时支持在地球科学和管理中的公共参与[4]。

众科在生态学研究、生态保护和环境教育方面应用较成熟，随着计算机技术、通信技术和网络技术的快速发展、互联网技术的普遍应用，参与的学习者使用新的工具和机械，人与人之间的沟通更加便利，众科扩大了空间调查范围，涉及天文学、生物学、海洋学和环境科学等[5]。尤其现在人类的生存环境急剧恶化（如全球气候变化、环境污染），关于环境问题的研究成为热点，而准确了解当前状态并提出合理化建议，需要确定当前的生态模式。确定生态模式，需要广泛空间和长时间区段的大量数据。仅仅依靠科学家，这些数据很难收集到，即使收集到了，也要耗费大量时间和精力去整理这些数据。众科由于其公众广泛参与的特点，可以让参与者收集、整理和分析数据，在促进众科迅速发展的同时，众科为决策者以更为科学、更加合理的方式正确应对环境问题提供了帮助[6]。

在过去的10年，众科活动在数据量上有快速的提升，基于环境的众科的研究范围也越来越大[7]。众科是做科研的一种新方式，科学家和公众的合作可以拓宽科研范围并且加强数据收集能力[8]。因此，对众科作出系统研究不仅有助于把握众科的发展脉络和趋势，更有助于提供一种研究的视角和方法论，为将众科应用到更多领域做出贡献。

本文研究了众科，分析了众科项目的研究内容、类型、运行框架、评价和影响。更全面、透彻地理解众科，为众科应用到新的领域打下更坚实的基础。

2 众科的历史和现状

众科的社会基础可以追溯到18世纪以前，当时有许多生物爱好者，大量收集动植物标本。在18世纪，经典植物分类学的奠基人林奈以18世纪之前的植物学爱好者收集的大量植物标本为数据基础，发展和完善了植物分类系统。19世纪后期，科学家才作为一种专门的职业出现。此时，在以博物学、考古学、天文学等为代表的研究领域，出现了一些大范围的众科长期项目，并获得迅猛发展。例如，美国国家气象局的合作观察者项目开始于1890年，目前还在进行。这个项目收集的天气数据已被广泛地用于天气监测、天气预报、极端天气预警和气候变化等研究。于1900年创立的奥杜邦学会的圣诞节鸟类调查，是一个长期的鸟类监测项目，到目前已经进行了115次；从1900年到2015年，参与人数从27人发展到6万多人，调查区域从25个增加到2200多个。于1966年创立的北美繁殖鸟类调查（BBS）计划，主要跟踪调查北美鸟类的分布格局与数量变化。到目前为止，BBS计划在北美大陆已有4000多条固定样线，记录了400多种鸟类。

最近 20 年间，随着通讯工具和交通工具的发展、互联网和移动计算机技术的进步及社会众科知识和素养的提高，众科得到了快速发展。新工具和技术的使用使得参与者能够更加容易地收集和整理数据，科学家和公众更方便交流与合作。近年来，众科在天文学、鸟类学、现代技术、互联网和移动技术等领域得到迅速发展，发挥的作用更加显著。

众科是一个较新的术语，其迅速发展吸引了学术界的密切关注。2012 年 8 月，在美国举办的“科学研究中的公众参与”会议吸引了大约 300 名各行各业的参与者，被视为众科发展的里程碑。随后，Frontiers in Ecology and the Environment 以专刊的形式，系统总结了众科在生态学研究中的历史、贡献、存在的问题和未来的方向，指出众科的时代已经来临。

3　众科项目分析

3.1　众科的类型

为达到特殊目的而设计的众科项目不是一个简单的过程。需要保证项目对所有参与者有意义，项目数据会被准确地收集，数据会被精确地分析，并且项目结果会被传达到参与者和更大的科学团体中。

基于美国康奈尔鸟类学实验室的经验，Bonney 等[9,10] 和 Shirk 等[1] 描述了众科项目的类型和参与模式，如表 1 所示。公众的参与可以贯穿于科学过程的各个阶段，从科学问题的提出、实验设计、数据收集和分析到成果发表和转化等，参与的程度及其可能性随众科项目类型的不同而变化。依据科学研究过程中公众参与的贡献大小，众科项目分为契约型、辅助型、合作型、共创型和学院型，公众参与的程度逐渐加深。在契约型项目中，公众邀请科学家开展特定的科学研究，并汇报相关的报告和结果；辅助型项目一般由职业科学家设计，公众主要参与数据的收集和记录；合作型项目由职业科学家设计，公众不但参与数据收集和记录，也参与数据分析、实验设计和信息传播等过程；共创型项目由职业科学家和公众共同设计，公众全面参与项目的各个环节；而在学院型项目中，公众能够独立开展研究，并对某一科学领域有所贡献，如业余分类学家发现新的物种。实际上，众科项目在实施的过程中，其类型可能会发生一定的改变。比如随着公众对项目相关知识的掌握愈加熟练，参与程度相应深入，项目类型可能从辅助型变成合作型；另外，有些众科项目可能是上述各类型的组合（见表 1）。

3.2　众科项目运行框架

众科项目在国外有一个流行的运行框架，如图 1 所示。项目的投入必须平衡科学兴趣和公共兴趣，但每个项目的平衡点不同（由大小不同的输入箭头表示）。项目也为科学、个人（研究人员或志愿者）和社会生态系统表现出不同的输出结果，这可能与特定的平衡投入有关。注意反馈箭头：某些结果可能会加强特定的兴趣——因此设计

表1　　众科项目的发展模式

科学研究的步骤 Steps in scientific process	契约型 Contractual	辅助型 Contributory	合作型 Collaborative	共创型 Co－created	学院型 Collegial
选择或定义研究问题 Choose or define question（s）for study	√			√	√
收集信息和资源 Gather information and resources	(√)			√	√
提出假说或解释 Develop explanations（hypotheses）				√	√
设计数据收集方法 Design data collection methodologies			(√)	√	√
收集样品、记录数据 Collect samples and/or record data		√	√	√	√
分析样品 Analyze samples			√	√	√
分析数据 Analyze data		(√)	√	√	√
解释数据、得出结论 Interpret data and draw conclusions	(√)		(√)	√	√
宣传研究结果或转换科研结果到实践 Disseminate conclusions/translate results into action	(√)	(√)	(√)	√	√
讨论研究结果、提出新的问题 Discuss result and ask new questions	√			√	√

注：√表示公众参与其中；（√）表示公众可能参与其中。

√Public involve in step；（√） public sometimes involve in step.

资料来源：张健等．众科：整合科学研究、生态保护和公众参与．生物多样性，2013，21（6）．

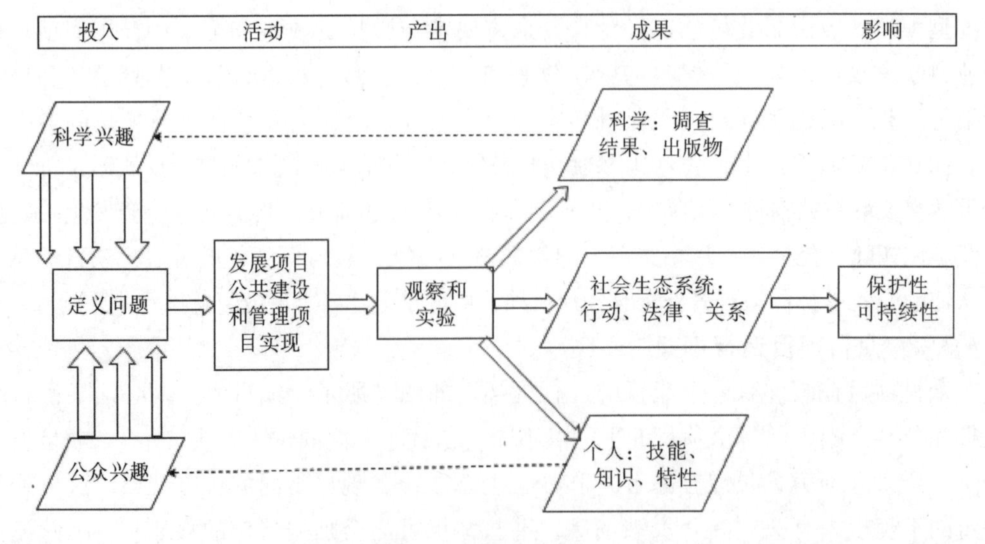

图1　众科项目框架

重点随着公众的积极性发展而变化。公众参与质量取决于在投入阶段对公共兴趣、定义问题和活动结构的关注，它们主要让步于那些兴趣相关的结果。

框架中的要素分析如下：

（1）投入。众科项目从设计上来说是共同的努力，因此产品设计必须管理来自多种涉众的投入。众科项目基于科学团体和公众的共同兴趣点。公众志愿者的兴趣包括奉献科学知识、做出科学发现、收集和评价环境危害的信息、影响资源管理、保护生计或者求得身份认同或学习目的。科学家的兴趣点：获取科学结果、影响教育、保护作用、管理自己的观测数据或者归结于志愿者的任何兴趣。一组研究人员或者一个社区的兴趣也不需要是同类的。甚至，科学家和公众的界限也是模糊的。然而，兴趣被设想、表达、确认和平衡的方式对于随后的设计步骤来说是基本的问题，因此它可能影响项目的产出。

（2）活动。活动由一个领导团队管理。活动的种类包含工作的容量，需要设计、建立和管理项目的各方面。①发展项目的公共建设：设计采样策略和协议、培训材料、数据提交/数据登记技术、建立一个志愿者的网络和交流支撑机制来维持他们的参与。②管理项目实现：促进训练、分配材料、主持会议和活动、与所有合作者/参与者沟通。

（3）产出。产出是活动的最初产品或结果。公众参与科学调查协作的输出包括观察和记录数据、活动的经验、促进和分析那些观察或测量。

（4）成果。成果是由项目特殊产出而产生的可量化的因素，例如，技术、能力和知识。保护生态的众科项目三种成果：科学成果、个人参与成果和社会生态系统成果。

（5）影响。相对于成果，影响是支持改善人类福祉或保护自然资源的长期、持续的变化。

3.3 众科项目的评价

Dominique 等人用详尽可能性模型和体验式教育理论作为框架以康奈尔鸟类学实验室的 Birdhouse Network 为例分析了众科项目对于参与者的影响。包括参与者对科学和环境的态度、鸟生物学知识和对科学过程的理解。结果表明，参与者的鸟生物学知识有一定变化。项目材料没有让参与者意识到自己在做科学活动，所以参与者没有把观鸟和科学联系起来，对科学和环境的态度和科学过程的理解无明显变化[11]。Bruce V. Lewenstein 认为众科项目的成功，应该被重新定义，远离缺失模型提倡的态度和知识，并且考虑更宽泛的产出。

而针对众科项目对于参与者影响的结果，众科方法更适合于这样的项目：收集科学数据、解决科学问题的同时，更注重对参与者的影响，提高参与者对项目内容的了解程度，从而产生与项目内容相关的社会影响。

3.4 众科利弊分析

众科相对于传统的科研方法有一定的优势和劣势，设计实现众科项目时利用、加强它的优势，尽量规避它的劣势。

众科的优势：①由专家获取合适数据的长期花费明显高于由志愿者获取这些数据。众科收集数据是非常划算的，因为它花费小，尤其在大的空间和时间范围内需要精细数据时优势明显。②人们亲自动手收集数据，使得人们直接参与环境问题和他们当地的环境。③如果数据收集的方法合适，数据质量得到保证，那么众科可以提供高质量的数据。④有些情况中，老练的志愿者比专业人员有更优秀的技能。⑤当确定自己的投入有价值时，许多志愿者为了用标准的方法收集到数据愿意遵守协议。⑥众科使大的空间和时间范围的稀有事件的发现成为可能，这对于调查来说是非常困难的。⑦人们能看什么不需要保密，人们可以使用感应器或者他们可以收集样品供志愿者或者专业人员分析。⑧众包使人们能够通过计算机着手做小的或者简单的任务（例如，图片分类），这有助于大数据分析，并且通过小的团队或者自动程序不可能完成。⑨众科是令人愉快的，并且它能提高志愿者的幸福感[12]。

众科的劣势：①当方法简单的时候，众科是最有效的，但是当协议太复杂或者查问或记录需要随着时间推移或者在不同聚集地而重复时，参与就会减少。②志愿者需要被征募。一些众科项目用简单的协议帮助人们参与。但是，对于众科来说复杂的结构化的协议也许是合适的，尤其是当众科吸引了一个特殊的爱好者团体，如钓鱼者、散步者、自然主义者、学生等。③众科经常需要资源上的大量投入。众科数据收集的时候是免费的，但是维持众科项目需要考虑到资金、资源和时间的投入。

4 应用实例

2014 年 8 月，中国网民操作系统的使用率数据显示，Windows 系列操作系统的总占有率份额为 86.67%，依旧占据霸主地位，安卓系统占有率份额为 11.57%，未见国产操作系统身影（数据来源：CNZZ）。棱镜计划的曝光启示我们，他国正在通过操作系统软件，随时掌控中国数以十亿计的终端用户的敏感信息，如果运用大数据技术分析，那么中国的经济社会活动将无任何秘密可言。中国需要一个自主、可控的国产操作系统，但是目前的国产操作系统一直没有打开局面，市场占有率迟迟没有提高。

为研究中国建立自主可控操作系统的可行性，并提出新的解决方案，本研究将首先用众科的方法进行群众调查。利用互联网和移动客户端的便利性，创建调查平台，调查内容围绕下面两个问题展开。(1) 国产操作系统的发展过程是“革命性”的还是“进化性”的，即中国需要开发全新的国产操作系统，还是利用现有的操作系统核心进行国产化研发工作？(2) 国产操作系统能否满足用户对于操作系统使用习惯的需求，并且兼容现有的硬件设备和软件工具？国产操作系统的使用是否需要政府采用行政指令方式进行强制干预？

本项应用旨在研究中国建立自主、可控国产操作系统的可行性和解决方案。完成调查报告，以汇总结果为依据，提出国产操作系统的研发方法，为政府提供分析结果。应用众科收集科学数据、解决科学问题的同时，加深国产操作系统对参与者的影响，提高参与者对国产操作系统的了解程度，从而提高国产操作系统的社会影响。

5 结　论

本文主要分析了众科的历史、现状以及众科项目情况，并尝试将众科注入国产操作系统的研发和推广。后续工作将结合中国实际国情探索实现开发出适合中国的众科项目运行框架，继续深入这项尝试性研究。

参考文献

[1] Shirk, J. L., H. L. Ballard, C. C. Wilderman, T. Phillips, A. Wiggins, R. Jordan, E. McCallie, M. Minarchek, B. V. Lewenstein, M. E. Krasny, and R. Bonney. 2012. Public participation in scientific research: a framework for deliberate design. Ecology and Society 17 (2): 29. http://dx.doi.org/10.5751/ES-04705-170229.

[2] http://en.wikipedia.org/wiki/Citizen_ science.

[3] Chiara Franzoni, Henry Sauermann. Crowd science: The organization of scientific research in open collaborative projects. Research Policy 43 (2014) 1-20.

[4] Dickinson JL, Shirk J, Bonter D, Bonney R, Crain RL, Martin J, Phillips T, Purcell K (2012) The current state of citizen science as a tool for ecological research and public engagement. Frontiers in Ecology and the Environment, 10, 291-297.

[5] Jeffrey R. Young. Crowd Science Reaches New Heights. THE CHRONICLE of Higher Education. 2010. 5. 28.

[6] 张健，陈圣宾，陈彬，杜彦君，黄晓磊，潘绪斌，张强．众科：整合科学研究、生态保护和公众参与［J］．生物多样性，2013，21 (6): 738-749.

[7] Tweddle JC, Robinson LD, Pocock MJO, Roy HE (2012) Guide to Citizen Science: Developing, Implementing and Evaluating Citizen Science to Study Biodiversity and the Environment in the UK. Natural History Museum and NERC Centre for Ecology & Hydrology for UK-EOF.

[8] JEFFREY P. COHN. Citizen Science: Can Volunteers Do Real Research?. BioScience. 2008 (3): 191-197.

[9] Bonney R, Ballard H, Jordan R, McCallie E, Phillips T, Shirk J, Wilderman CC (2009a) Public Participation in Scientific Research: Defining the Field and Assessing Its Potential for Informal Science Education. A CAISE Inquiry Group Report. Center

for Advancement of Informal Science Education (CAISE), Washington, DC.

[10] Bonney R, Cooper CB, Dickinson J, Kelling S, Phillips T, Rosenberg KV, Shirk J (2009b) Citizen science: a developing tool for expanding science knowledge and scientific literacy. BioScience, 59, 977 – 984.

[11] Brossard, D., B. Lewenstein, and R. Bonney. 2005. Scientific knowledge and attitude change: the impact of a citizen science project. International Journal of Science Education 27 (9): 1099 – 1121. http://dx.doi.org/10.1080/09500690500069483.

[12] Pocock, M. J. O., Chapman, D. S., Sheppard, L. J. & Roy, H. E. (2014). Choosing and Using Citizen Science: a guide to when and how to use citizen science to monitor biodiversity and the environment. Centre for Ecology & Hydrology.

作者简介

解卫静（1989—），女，河北省石家庄人，石家庄铁道大学信息科学与技术学院计算机技术专业，硕士研究生，电子邮件：409714317@qq.com，研究方向：大众科学。

赵正旭（1960—），男，山东省青岛人，教授，长江学者，博士生导师，电子邮件：zhaozx@stdu.edu.cn，主要研究领域：小世界网络系统，虚拟现实技术及应用。

第2章
软件开发与测试技术

Android中多媒体技术应用开发与研究①

刘颖　胡畅霞

（石家庄铁道大学信息科学与技术学院，河北石家庄市 050043）

The development and research for the application of multimedia Technology in android

Liu Ying, Hu Changxia

(School of Information Science and Technology, Shijiazhuang Tiedao University, Shijiazhuang 050043, China)

【摘要】多媒体作为信息的结合体，已经成为现代社会生活中人们获取信息的重要组成部分。在Android开发中保证多媒体信息的传输对用户人机交互的良好体验至关重要。本文作者阐述了在Android中三种多媒体播放方式：（1）Android使用自带播放器实现多媒体播放。（2）Android使用VideoView实现多媒体播放。（3）Android使用MediaPlayer类和SurfaceView控件相结合来实现多媒体播放。

【关键词】Media Player类　Surface View控件　Android Media Player预加载

【Abstract】 As a combination of information, multimedia has become an important part of people's access to information in modern social life. In the development of Android to ensure the transmission of multimedia information to the user's good experience of human – computer interaction is essential. In this paper, the author expounds the three kinds of multimedia play mode in Android: (1) Android use comes with the player to achieve multimedia playback.; (2) Android using VideoView to achieve multimedia playback; (3) Android uses the MediaPlayer class and the SurfaceView control to realize multimedia play.

【Keywords】 Media Player　Surface View　Android Media Player Preloading

1　引　言

随着人们生活节奏的加快，物质生活也越来越丰富。但是人们的精神生活却比较紧张，基于Android平台的手机多媒体播放器的实现，能够缓解人们在快节奏生活中的紧张状态，改善人们的精神生活。多媒体同样作为丰富信息的载体，在帮助人们理解、获取信息方面起着举足轻重的作用。但是在Android中，实现多媒体播放的方式多种多样，人们对于选择一种适合

① 基金项目：本文受2015年河北省大学生创新创业训练项目（201510107032）资助。

自己方式的多媒体播放方式有着完全不同的概念。本文作者以 Android 中视频播放方式为例，浅析在 Android 中多媒体播放的如下三种方式。

2　Android 自带播放器实现多媒体播放

Android 有其自带的媒体播放器，通过使用 Intent 隐式调用。传入一个 Action 为 ACTION_VIEW，指定 Data 为所要播放的媒体的 URI 对象，最后指定媒体格式信息，实现 Android 自带播放器的调用。

示例代码：

Uri　uri = Uri. parse (Environment. getExternalStorageDirectory ( ) . getPath ( ) + " / Movie. mp4") ;//定义需要播放的视频的地址。

//调用系统自带的播放器

Intent intent = new Intent(Intent. ACTION_VIEW) ;

intent. setDataAndType(uri," video/mp4") ;

startActivity(intent) ;

Android 系统自带的播放器是原生态的播放器，其优点是占用系统内存小、响应速度较快、程序稳定，不容易崩溃。缺点是功能简单，支持格式比较少，不能实现自定义播放。

3　Android 使用 VideoView 来实现多媒体的播放

在 Android 中，我们除了可以使用 Android 自带的播放器之外。我们还可以使用 VideoView 类实现多媒体的播放。VideoView 主要是用于实现视频和网络视频的播放，VideoView 继承 SurfaceView，实现 MediaController 控制媒体播放的接口，进行媒体的播放。

MediaController 是一个包含媒体播放器 MediaPlayer 控件的视图。包含 Play、Pause、Rewind、Fast Forward 和 progress slider 按钮。通过管理 MediaPlayer 的状态实现控件的同步。当 MediaController 在 XML 布局资源文件中创建的时候，show （）和 hide （）函数无效，mediacontroller 将根据以下规则进行显示和隐藏：

（1）用 setPrevNextListeners （）函数之前，previous 和 next 按钮会隐藏。

（2）如果 setPrevNextListeners （）函数被调用但是传入监听器的参数是 NULL，previous 和 next 按钮处于可见但是禁用状态。

（3）通过使用构造函数 MediaController （Context，boolean）实现 rewind 和 fastforward 的显示和隐藏。

在使用 VideoView 结合 MediaController 实现多媒体播放时候，首先需要制定需要播放的视频的路径。之后使用 start（）方法、pause（）方法和 stop（）方法分别实现视频播放的控制。可以通过调用 hide（）和 show（）来实现 MediaController 的控制。设置视频播放路径有以下两种方式：

（1）使用 setVideoViewPath（）方法定义路径。示例代码：setVideoViewPath（String path）；//path 为需要播放的视频的路径。

（2）使用 setVideoURI（）方法设置视频的 URI。示例代码：setVideoURI（Uri uri）。//uri 为需要播放的视频的 uri。

Android 使用 VideoView 和 MediaController 相结合的方式实现多媒体的播放，相对于使用 Android 自带的播放器播放多媒体来说，很大程度上实现了对媒体播放的控制，但是，相对的占用的系统的资源较多，稳定性不如 Android 自带的媒体播放器，灵活性不够。

4 Android 使用 MediaPlayer 实现多媒体的播放

Android 中 MediaPlayer 是最重要也是最复杂的媒体播放器。MediaPlayer 包含了 Audio 和 Video 的播放功能，在 Android 界面中，多媒体通过调用 MediaPlayer 实现播放。

媒体播放器在底层基于 OpenCore（PacketVideo）库实现，上层需要包括进程间的通讯等记录。进程间通讯的基础是通过 Android 基本库中的 Binder 机制实现的。整个媒体播放器在运行的时候，可以大致上分成 Client 和 Server 两个部分，它们分别在两个进程中运行，它们之间使用 Binder 机制 实现 IPC 通讯。从框架结构上看，IMediaPlayerService、IMediaPlayerClient 和 MediaPlayer 三个类定义了 MeidaPlayer 的接口和架构，MediaPlayerService. cpp 和 mediaplayer. coo 两个文件用于 MeidaPlayer 架构的实现，媒体播放器的具体功能在 PVPlayer（库 libopencoreplayer. so）中的实现。下面作者将通过“互联网 +”大赛中手机客户端中的“视频播放”的具体实例进行说明：

在本模块中，实现网络视频的播放，需要先获取到视频的网址，通过网址来实现视频的播放。下面是实现步骤。

（1）首先在 VS2010 中定义 WebService。

（2）服务名：SelectVideo：在线视频的函数服务名。

（3）参数：id：在线视频的 id，通过 id 获取视频的网址。

（4）返回值：list：返回视频的网址 Public List <String> SelectVideo（String id），SelectVideo 函数，通过视频 id 获取视频地址，其 SQL 语句如下：String sql = "Select F_path from V_Video where F_id = ' " + id + " ' "。

（5）SqlDataReader reader = db. ReturnDataReader（sql），定义 SqlDataReader 类型变量，执行 SQL 语句。list. Add（reader［0］. ToStirng（）），用 list 数组返回视频

网址。

在 eclipse 中，引入 ksoap2 - android 项目的 ksoap2 - android - assembly - 3. 0. 0 - RC. 4 - jar - with - dependencies. jar 包。用 ksoap2 - Android 调用 Webservice，具体操作过程如下：

（1）创建 HttpTransportSE 对象，该对象用于调用 WebService 操作；final HttpTransportSE ht = new HttpTransportSE（" "）。

（2）创建 SoapSerializationEnvelope 对象；final SoapSerializationEnvelopeanvelope = new SoapSerializationEnvelope（SoapEnvelope. VERLL）。

（3）创建 SoapObject 对象，创建该对象时需要传入所要调用的 WebService 的命名空间；static final String SERVICE_NS = " http://tempuri. org/"；SoapObject soapobject = new。

SoapObject(SERVICE_NS, methodName）将参数传给 Web Service 服务端，调用 Soapobject 对象的 addproperty 方法。例如：SoapObject. addProperty("zjid", zjid)，为 WebService 服务器传递参数，zjid 就是该视频的 id，通过 id，获取视频的网址，然后进行视频的播放。

（4）直接对 bodyout 属性赋值，将 SoapObject 对象设为 SoapSerializationEnvelope 的传出 SOAP 消息体。envelope. bodyout = soapobject。

（5）调用对象的 call 方法，并以 SoapSerializationEnvelope 作为参数调用远程 WebService。ht. call(SERVICE_NS + methodName, envelope)。

（6）调用完成后，访问 SoapSerializationEnvelope 对象的 bodyin 属性。SoapObject result = (SoapObject) envelope. bodyin。

（7）在 Activity 中用 SoapObject 定义变量调用函数。SoapObject detail = Web. getVideo(id); String path = detail. getProperty(i). toString()。

通过以上操作，我们就可以通过 WebService 对数据库进行数据访问，通过视频 id 获取视频网址，从而进行视频的在线播放。

MediaPlayer 和 SurfaceView 相结合的方式实现多媒体的播放，相对于 Android 自带播放器和 VideoView 来说，拥有更高的灵活性，用户可以自定义 MediaPlayer 的格式。但是，相对的系统占用内存会扩大，操作起来也比较复杂。

AndroidMediaPlayer 实现预加载

Android 中使用 MediaPlayer 实现多媒体的播放时候，由于 MediaPlayer 受厂家定制制约，不同终端设备上的 MediaPlayer 会有不同的差异。有些 MediaPlayer 首次播放会从头开始进行视频的缓冲，有些 MediaPlayer 首次播放会多次发送网络请求，同时断点到网络媒体文件的不同地方，导致用户体验较差。MediaPlayer 的预加载就是为解决不同厂家定制的 MediaPlayer 的差异，通过预先进行视频的缓存，提高媒体播放的流畅性和用户体验的良好性。

在视频码率中等、网速一般的情况下，使用预加载会提高用户体验。在进行MediaPlayer预加载时候，需要设置缓冲文件的缓冲区，将需要缓存的文件缓存到该缓冲区中。但是缓冲区的设置不能过大，过大的缓冲区会影响MediaPlayer内置的缓冲区，影响正常播放。其次，过大的缓冲区会浪费缓冲文件的读取时间。示例代码：final static public int SIZE = (int)(3 × 1024 × 1024)；//设置文件缓冲区。需要将多媒体文件的URI提前下载到SD卡中，实现预加载。

示例代码：

```
URI tmpURI = new URI(uriString);
String filename = Utils. urlToFileName(tmpURI. getPath());
String filePath = C. getBufferDir() +"/" + fileName; download = newDownloadThread
(urlString,filePath,size); download. startThread();return filePath。
```

通过使用MediaPlayer的预加载，可以有效解决视频播放过程中的缓冲等待问题，很大程度上提高了用户体验效果。

5 结　论

Android中多媒体播放的方式多种多样，每种方式都有它们自身的优点和缺点，用户体验也不尽相同，用户可以根据自身的需求实现多媒体播放方式的选择。MediaPlayer的预加载方式的使用，极大程度上改善了传统播放器的缺陷，对于实现高效、高质量的用户体验和操作方式起着重大作用。

参考文献

[1] 李杨．基于Android的多媒体应用开发与研究．计算机与现代化，2011.
[2] 李明．Android多媒体系统实现过程中的关键技术研究．武汉理工大学，2013.
[3] 吴亚峰．Android4应用案例开发大全（第3版）．北京：人民邮电出版社，2013.

作者简介

刘颖（1995—），男，湖南省常德市，石家庄铁道大学信息科学与技术学院教育技术学专业，本科生，电子邮件：314042406@qq.com，研究方向：Android程序设计

基于位置的出行面面通智能手机App设计

杜连玉　宋春蕾　黎宣
王彬　张翠肖

（石家庄铁道大学信息科学与技术学院，河北石家庄市 050043）

【摘要】本系统主要设计了一款基于位置的可以整合多种服务信息的出行必备智能手机 App 软件，方便用户的出行。主要利用 Android 智能手机平台定位终端所在地，提供天气以及各种服务类信息，方便用户，操作简单，节省空间，应用前景广阔。其创新点是基于面向服务 SOA 思想，构建统一的 WebServices 或 JSON 方式的数据查询平台，整合了天气、空气质量、美食、景点等综合服务信息，有效提高了信息的利用率和服务质量。

【关键词】webservice　API 接口　移动手机应用

The smart phone APP design of travel assistant based on location

Du Lian－yu，Song Chun－lei，
Li Xuan，Wang Bin，
Zhang Cui－xiao

（School of Information Science and Technology，Shijiazhuang Tiedao University，Shijiazhuang 050043，China）

【Abstract】The main design of the system is to develop a travel necessary App software which is based on the location and can integrate a variety of information to serve users conveniently. The system mainly uses Android smart phone platform to locate the location of the terminal, providing the weather and a variety of service information, user－friendly, easy to operate, save space, wide application prospects. The innovation is based on the service oriented architecture SOA to construct unified web services or JSON approach of data query platform, integration of the weather, air quality, food, scenic spots, such as the integrated service information, effectively improve the utilization of information and service quality.

【Key words】WebService　API interface　Mobile Phone Application

引　言

当今信息时代，智能手机已经成为生活中的一部分，手机软件的开发多种多样，这些软件在给人们的生活带来便利的同时也存在一些问题，其中 App 种类的繁多但功能单一和空间资源的浪费是问题之一，尤其对于一些热爱旅游以及经常外出的用户，想要根据目的地的天气以及景点、酒店等服务类信息安排行程

的时候，总是需要同时安装多个 App，分开查询，不仅占用内存影响手机运行速度，而且不方便查找，降低效率，还存在 App 功能冗余的问题，因此制作一个利用现有网络软件功能实现多方面的信息整合的手机 App 成为大众迫切的需要。本系统旨在基于位置提供天气预报、空气质量以及特色美食、景区娱乐服务等一系列信息，达到用户只需一次联网就可以获得大量出行信息的需求，减少了空间资源的浪费，为手机用户提供更便捷、更丰富的出行信息，获得更好的出行体验。

1　系统功能模块

本系统设计了一个基于位置的出行面面通智能手机 App，为了实现方便人们出行的目的，我们设计的功能主要满足了出行时人们所关心的信息的获取，我们将该软件的功能主要划分为环境评估功能模块、路线规划功能模块、周边服务功能模块这三大模块，在三个大模块下又进行了功能分解。系统功能模块图如图 1 所示。

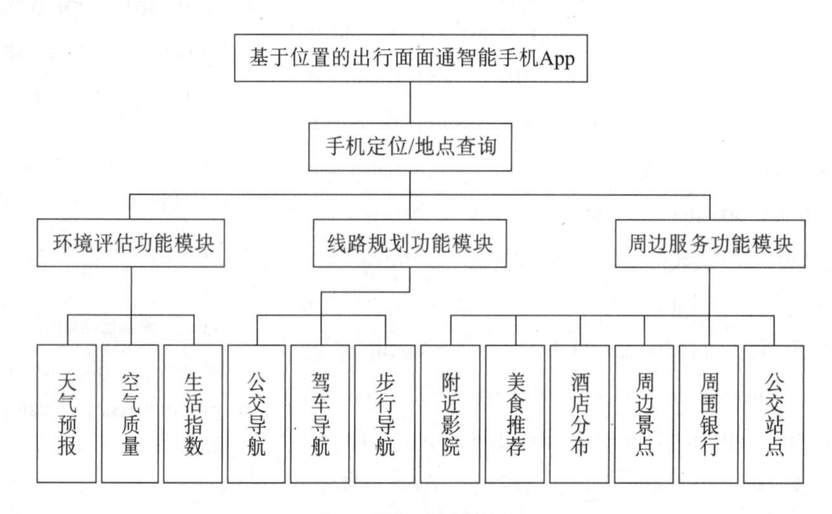

图 1　系统功能模块图

连接网络打开软件后，系统会直接网络定位终端所处的位置，获取该位置的基本信息，直接在地图中显示用户所在位置，通过点击相关功能按钮，可以了解到所在地天气、路线、周边信息等情况，让出行在外的人能够更好地安排自己的行程，下面详细介绍该 App 的各项功能。

1.1　环境评估功能模块

（1）天气预报：实时显示定位或自定义城市当天天气情况，以及未来几天天气情况。

（2）空气质量：实时显示定位或自定义城市空气质量参数。

（3）生活指数：可给出定位或自定义城市根据环境因素给出的生活建议，例如，穿衣指数、洗车指数等。

1.2　线路规划功能规划模块

（1）公交导航：用户指定起点和终点，规划之间的公交路线。

（2）驾车导航：用户指定起点和终点，规划之间的驾车路线。

（3）步行导航：用户指定起点和终点，规划之间的步行路线。

1.3　周边服务功能模块

（1）附近影院：搜索定位或自定义地点附近的影院分布情况，可以满足用户及时获得影院信息，丰富娱乐生活。

（2）美食推荐：推荐定位或自定义地点的美食，出行在外品尝当地美食是旅行者必不可少的一个环节，推荐当地美食以及当地的饮食文化很大地丰富了出行生活。

（3）酒店分布：显示定位或自定义地点的酒店分布，让出行在外的人能及时找到落脚之地，住宿是旅行中最重要的一点，外出是首先考虑住在哪里，所以推送酒店分布信息是出行必备。

（4）周边景点：推荐定位或自定义地点周边的景点，对一个城市的最好的了解方法就是用眼睛欣赏该城市的景点，用心去感受当地的历史文化，景点的推荐决定旅行的满意程度，只有美好的感受才会给出行画上圆满的句号。

（5）周围银行：搜索定位或自定义地点周围的银行分布，出行在外一定需要银行来满足金钱的需要，所以及时获得附近银行信息是很重要的一点。

（6）公交站点：搜索定位或自定义地点附近的公交站点，公交是出行时很便利的一种交通方式，在及时掌握周围公交站点的信息可以为出行提供更多的便利。

2　关键技术的实现

2.1　API 接口技术的实现

API（Application Programming Interface，应用程序编程接口），其目的是提供应用程序与开发人员基于某软件或硬件得以访问一组例程的能力，而又无须访问源码，或理解内部工作机制的细节[1]。API 接口技术是本文介绍的系统运用的主要技术，用于支持软件需求的数据需要，是系统运行的关键。

2.1.1　百度地图定位接口的实现

在本系统中运用了百度地图车联网 API 来进行位置的确定，该功能的实现可以分三个步骤来进行，具体如下：

第一步：初始化 LocationClient 类，该类是定位 SDK 的核心类，为定位 SDK 的定位做准备。

第二步：配置定位 SDK 参数，设置定位参数包括定位模式（高精度定位模式，低功耗定位模式和仅用设备定位模式），返回坐标类型，是否打开 GPS，是否返回地址信息、位置语义化信息、POI 信息等等。其中用 Location Client Option 类来设置定位 SDK

的定位方式。这一步主要通过 API 接口从服务器中获得定位信息。

```
LocationClientOption option = new LocationClientOption();
option.setLocationMode ( com.baudu.LocationClientOption.LocationMode.Hight_Accuracy);
option.setOpenGps(true);//打开 gps
option.setIsNeedAddress(true);
option.setScanSpan(1000);
option.setCoorType("bd09ll");
mLocClient.setLocOption(option)。
```

第三步：实现 BDLocationListener 接口，这一步是实现定位数据的监听，随时监听地点的变更，进而实现数据的更新。

2.1.2 美食、景点等功能接口的实现

本系统中具有可搜索已定位或者自定义地点周边信息的功能，其中周边信息包括电影、美食、酒店、景点、银行、公交站，用户可实时获得所在地周边信息，该功能满足了用户出行时对娱乐方面的需求，利用了百度地图 API 接口获得周边搜索信息，要实现这一功能需要分成四步来进行，具体如下：

第一步：初始搜索模块。

```
mPoiSearch = PoiSearch.newInstance()。
```

第二步：注册搜索事件。

```
mPoiSearch.setOnGetPoiSearchResultListener(this)。
```

第三步：搜索位置附近的电影，美食等信息。

```
mPoiSearch.searchNearby ( newPoiNearbySearchOption ( ).location ( ll ).keyword (keyWord).radius(10000).pageNum(pageIndex))。
```

通过函数 public void onGetPoiDetailResult (PoiDetailResult result) 监听检索结果。

第四步：调用类将检索信息显示于图层之上，实现方法如下：

```
class MyPoiVoerlay extends PoiOverlay {
    public MyPoiVoerlay(BaiduMap baiduMap) {
        super(baiduMap);
    }
public boolean onPoiClick(int index) {
        super.onPoiClick(index);
        PoiInfo poi = getPoiResult().getAllPoi().get(index);
            mPoiSearch.searchPoiDetail ((new PoiDetailSearchOption ()).poiUid (poi.uid));
        return true;
```

}

2.1.3　线路规划功能接口的实现

现在的科技发展快速，城市的发展也是迅速的，现在大众出行对于路线的规划与导航也有较大的需求，所以本系统实现了线路的规划与导航，同样利用了 API 接口的关键技术获得数据实现该功能，线路规划主要包括三种行走模式（公交换乘、驾车、步行）的线路规划，具体实现如下：

第一步：创建线路规划检索实例。

Search = RoutePlanSearch. newInstance( )。

第二步：设置线路规划检索监听者。

mSearch. setOnGetRoutePlanResultListener(listener)。

第三步：获取起始点位置，分类别进行线路规划检索。

公交线路规划检索：

mSearch. transitSearch ((new TransitRoutePlanOption ( )) . from (stNode) . to (enNode))。

步行线路规划检索：

mSearch. walkingSearch ((new WalkingRoutePlanOption ( )) . from (stNode) . to (enNode))。

驾车线路规划检索：

mSearch. drivingSearch ((new DrivingRoutePlanOption ( )) . from (stNode) . to (enNode))。

2.2　WebService 技术的实现

天气预报、空气质量接口的实现

本系统中另一重要功能就是获得天气和空气质量相关信息，满足用户对出行环境因素的需求，该接口实现思想为使用 HttpClient 访问车联网 web，发送请求参数，经过许可，获取天气信息。具体实现如下：其中将调用 Web 网址封装到了 SendDataBean 类中，供系统调用：

```
public static String getData( ) {
        return " http://api. map. baidu. com/telematics/v3/weather? location =" + city
 + "&output =" + json +"&ak =" + ak;
}
```

第一步：实例化一个网络连接对象。

HttpClient hClient = new DefaultHttpClient( );//实例化得到一个网络连接对象。

第二步：将 String 类型的网址转换为 URI。

String mstr = Uri. decode(str)。

第三步：创建 HttpGet 对象。

HttpGet hget = new HttpGet(mstr)。

第四步：调用 HttpClient 的 execute 方法发送请求。执行该方法将返回一个 HttpResponse 对象。

HttpResponse re = hClient. execute(hget)。

第五步：调用 HttpResponse 的 getEntity（）方法，获得服务器响应内容的 HttpEntity 对象，通过该对象获取服务器的响应内容。

he = re. getEntity()。

第六步：调用 GsonBuilder 将原始数据转化为类封装的数据。

GsonBuilder gson = new GsonBuilder();

*response*2 = gson. create(). fromJson(wetherdata, ResponseWrapper. class)。

3 实现效果

实现效果图见图 2、图 3、图 4、图 5。

图2　地图定位

图3　空气质量

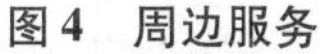
图4 周边服务

图5 路线规划

4 总 结

本文根据用户对当前智能手机 APP 应用情况的调查分析，介绍了基于位置的出行面面通智能手机 APP 的设计与制作。采用面向服务 SOA 思想，构建统一的 WebServices 或 JSON 方式的数据查询平台，根据终端所处的位置自动智能获取当地基本天气、空气质量信息和美食、酒店等相关服务内容，具有良好合理的界面设计，便于操作，美观实用，极大地减少了智能手机下载应用的数量，更加节省空间，对出行在外的用户提供丰富、便利的信息。

参考文献

[1] 张新生，张英海，毛谦等 . api ［Z］. http：//baike. baidu. com/subview/16068/5889234. htm，2015 -09 -16/2015 -11 -10.

[2] 何玉 . 数据库原理与应用教程. 第 3 版 ［M］. 北京：机械工业出版社，2010.

[3] 明月科技 . Android 从入门到精通 ［M］. 北京：清华大学出版社，2012.

[4] 百度地图 API 开放平台 . 百度地图 API ［Z］. http：//lbsyun. baidu. com/，2016.

浅析在 Android 应用开发中对图片加载的优化分析[①]

米建　胡畅霞

（石家庄铁道大学信息科学与技术学院，河北石家庄市 050043）

Analyses the optimization of load images in the Android applications development analysis

Mi Jian, Hu Changxia

(School of Information Science and Technology, Shijiazhuang Tiedao University, Shijiazhuang 050043, China)

【摘要】图片是 Android 应用中重要的资源信息，保证图片资源的流畅显示对用户人机交互体验的提升至关重要。本文作者以在 ListView 控件中加载图片资源为例，首先简述以传统加载图片的方式，随后给出两种优化方案：（1）Adapter 优化；（2）引用 Android Image Loader 框架。通过优化达到流畅加载图片资源的效果，增强用户体验。

【关键词】图片加载优化　Adapter 优化　Android Image Loader 框架

【Abstract】 Image as an important resource information of Android applications, to ensure smooth image resources display to the user interactive experience of ascension is crucial. In this paper, the author in the image resource in the ListView control, for example, first briefly describes the image in the traditional way, then two optimization scheme is given: (1) Adapter optimization; (2) reference Android Image Loader frame. Through the optimization of resources for the image smooth effect, enhance the user experience.

【Keywords】 Images load　Adapter optimization　Android Image Loader frame

1 引　言

图片资源作为 Android 应用中不可或缺的资源，丰富着信息内容，帮助用户理解信息内容。但由于图片资源的数据量大并且伴随联网操作，加载网络图片会耗费大量的系统资源。ListView 控件作为 Android 中最常见的控件，在 ListView 控件中加载网络图片资源非常常见，如果图片加载超时或延迟会影响整体程序的响应，从而导致程序的用户友好体验降低。本文作者以在 ListView 控件中加载网络图片资源为例，浅析在 Android 开发中对图片优化的如下几种方法。

① 基金项目：本文受 2015 年河北省大学生创新创业训练项目（201510107032）资助。

2 传统方式加载图片资源

利用传统方式在 ListView 中加载图片资源，首先创建 URL 对象传入网络图片的网址，该网址必须是绝对路径，得到图片的数据流。在 Android 中，提供了 BitmapFactory 类，用于从不同的数据源来解析、创建 Bitmap 对象。得到的 Bitmap 对象在控件中显示，例如 TextView，最后关闭数据流。

示例代码：Bitmap bitmap = null; URL url; try {url = new URL（“视频网址”）; InputStream is = url. openStream(); bitmap = BitmapFactory. decodeStream(is); is. close(); } catch (Exception e) {e. printStackTrace(); }

传统方式简单、直接、书写简单，但在 UI 主线程中执行联网耗时操作，不但导致图片资源加载速度慢、而且影响其他项的响应速度。

3 利用 Adapter 优化的方式，加载图片资源

在使用 ListView 控件加载图片资源时，Android 引入 Adapter 机制作为复杂数据的展示和转化的载体，Adapter 作为 ListView 控件与数据源之间的“中介”，当每条数据进入到可见区时，Android 会调用 Adapter 中的 getView（）方法来返回代表着具体数据的视图，由于数据成千上万所以 getView（）方法被成千上万次调用，因此，通过减少 getView（）方法的调用次数来优化 Adapter 会提高加载图片资源的加载速度。

3.1 利用 ViewHolder 模式优化 Adapter

ViewHolder 类是 Android 定义的一个静态类，并不是在 Android API 中提供的方法。ViewHolder 模式的作用在于减少不必要的调用 findViewById（）方法，然后把对控件引用存在 ViewHolder 里面，再在 View. setTag（holder）把它放在 view 里，下次就可以直接调取。

利用 ViewHolder 模式优化 Adapter，重复利用 convertView 回收视图，减少 getView（）的调用次数达到优化的效果。这种模式加载图片资源的操作还是在 UI 主线程中执行，在图片资源数目少时，这种方法会有一定的效果。但是图片资源量大时，依旧会阻塞 UI 主线程，导致程序的响应慢等现象，治标不治本。

3.2 利用工作线程加载数据

由于加载网络图片资源，既涉及联网操作，又包含着大量的数据信息，因此我们需要为此操作重新开辟一个新的线程来减轻 UI 主线程的负担。本文作者在 Adapter 中使用的是 AsyncTask 工作线程。在使用 AsyncTask 时应注意以下几点：（1）必须在 UI 主线程中创建 AsyncTask 的实例。（2）必须在 UI 主线程中调用 AsyncTask 的 execute（）的方法。（3）AsyncTask 的 onPreExecute（）、onPostExecute（Result result）、 doInBackground（Parama…params）、onProgressUpdate（Progress…values）方法，不应该由程序员代码调用，而是由Android系统负责调用。（4）每个AsyncTask只能被执行一次，多次调用将引发异常。

在河北省大学生创新项目《“互联网+”下毕业设计评价系统》手机客户端中加载网络图片资源，采用ViewHolder模式优化Adapter与工作线程加载数据结合的方法，综合优化的模式主要步骤如下：

创建AsyncTask工作线程，在AsyncTask类doInBackground（ViewHolder... params）方法中执行联网加载操作，在AsyncTask类的onPostExecute（Bitmap result）方法中返回图片加载的结果ViewHolder. icon. setImageBitmap（result）。由此来加载网络图片，完成对加载图片资源的优化。

这种优化方式减轻了UI主线程的负担，加载速度快，适用于加载单个网络图片，并且单个图片信息量大时效果明显。但代码书写较复杂，如果同时加载多个网络图片会出现图片错位的现象。

4 引用Android Image Loader框架，加载图片资源

Android Image Loader图片异步加载类库，是最常用的几个开源库之一。在河北省大学生创新项目《“互联网+”下毕业设计评价系统》手机客户端中存在许多界面，特点：在ListView控件中不只有一个图片，图片同时加载，每次登录程序需要反复加载这些图片。

作者首先采用ViewHolder模式优化Adapter与工作线程加载数据结合的方法，但图片加载错位，影响整体界面效果。因为单个创建工作线程，图片在加载时为单线程加载，一个图片加载完成后才去加载下一个图片资源，直到加载完成，并且图片的加载和显示是分离的，所以导致图片错位。

作者引入Android Image Loader框架很好地解决了这个问题。Android Image Loader图片异步加载类库具有多线程加载图片的特点，它创建的不是单个线程而是线程池，每个图片的加载和显示都运行在单个线程中，因此可以同时加载多个图片资源并且图片的显示不会错位。

作者在引入Android Image Loader框架后做了如下的拓展：

将线程池中的图片信息缓存到手机的内置存储中（SD卡），在下次登录程序时，如果内置存储卡存有此图片的信息将不会联网加载，直接读取内置存储卡中的图片信息。这种做法减少不必要的联网操作，并且在内置存储卡中读取数据的速度要明显快于联网加载。

示例代码：

```
. discCache( new  UnlimitedDiscCache ( Environment. getExternalStorageDirectory ( ) +
```

"/" +"projectitem","TEST_FILE_NAME"))//自定义缓存路径

将图片信息存入到内置存储卡中 projectitem 文件的 TEST_ FILE_ NAME 文件夹下，如图 1 所示。

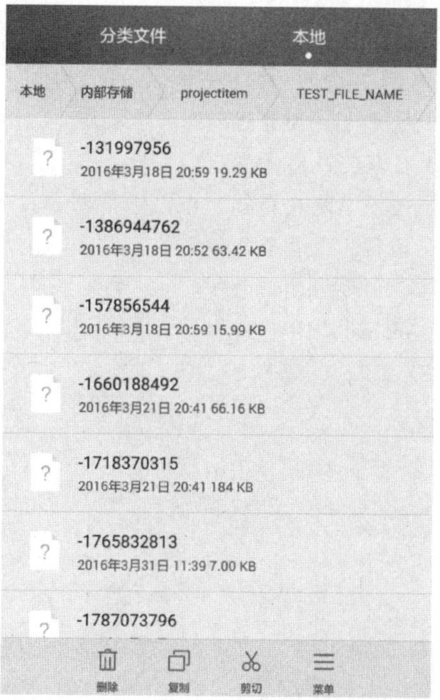

分类文件　本地
本地　内部存储　projectitem　TEST_FILE_NAME
-131997956
2016年3月18日 20:59 19.29 KB
-1386944762
2016年3月18日 20:52 63.42 KB
-157856544
2016年3月18日 20:59 15.99 KB
-1660188492
2016年3月21日 20:41 66.16 KB
-1718370315
2016年3月21日 20:41 184 KB
-1765832813
2016年3月31日 11:39 7.00 KB
-1787073796
删除　复制　剪切　菜单

图 1　图片信息存储位置图

利用在程序中添加 Android Image Loader 图片异步加载类库的形式优化加载网络图片资源，可以对多个图片同时经行下载，并且可以将图片信息保存到本地减少不必要的联网操作。此方式适用于图片资源数目多、体系结构复杂、图片反复被调用的场景中，但这种方式代码书写困难、结构复杂。

5 结　论

当手机应用软件中只存在单个联网加载图片的操作时，采用单线程加载图片资源的方式，该方式代码书写简单并且加载速度较快。假如软件中存在同时加载多组图片的操作，则需考虑多线程方式，以保证图片资源加载的准确性和及时性。选择准确的图片加载方式，保证系统资源的合理利用和信息资源的正确加载。

参考文献

[1]　明日科技 . Android 从入门到精通 . 北京：清华大学出版社，2010.

[2] 李刚．疯狂Android讲义．北京：电子工业出版社，2013.
[3] 迈耶．Android4高级编程（第3版），2013.

作者简介

米建（1989—），男，河北省石家庄人，石家庄铁道大学信息科学与技术学院教育技术学专业，本科生，电子邮件：1356447523 @ qq. com，研究方向：Android应用开发。

第 3 章
网络技术与应用

基于中标麒麟操作系统的网站运行架构研究

陶智　赵正旭

（石家庄铁道大学信息科学与技术学院，河北石家庄市 050043）

Research and Implementation of Web Site based on Native Operating System

Tao Zhi, Zhao Zhengxu

(School of Information Science and Technology, Shijiazhuang Tiedao University, Shijiazhuang 050043, China)

【摘要】Windows XP 被停止服务，Windows7、Windows8 采用了“可信计算”架构，网站重要数据、敏感资料可能丢失甚至被盗取，安全状况令人堪忧。针对这种情况，笔者提出了基于自主可控的国产操作系统的网站部署方案，例如，中标麒麟操作系统开发及部署网站的方案。对比 Windows 下的 . net 编程体系结构，本方案介绍了 java 网站运行的原理、内部结构，分析了后台服务器、数据库等关键技术，研究使用跨平台语言 java 开发网站后台程序以及部署到服务器的整个过程，对推进操作系统国产化应用具有重要的意义。推广使用国产操作系统，中国将逐步增强数据主导权，就能实现操作系统的自主可控，将消除存在极大安全隐患的网络，维护中国国家信息安全。

【关键词】国产操作系统　中标麒麟　网站

【Abstract】Windows XP has been out of service, Windows7, Windows8 adopted the "trusted computing" architecture, so the important sensitive data of the site may be lost or stolen, the security situation is worrying. In view of this situation, it is proposed based on self - control of native operating systems, such as program NeoKylin operating system development and deployed sites. Compared with . net programming architecture under the windows, the program introduces the principle of running java website, internal structure, analyzes the key technical back - end servers, databases, etc. , studies using cross - platform language java development site background programs and deployed to the server the whole process, which will promote the application of great significance of the localization of the operating system. If you use the native operating system, China will gradually increase the data initiative, the operating system will be able to achieve self - controlled, eliminate the presence of a great network security risks and maintain our national information security.

【Keywords】Native Operating System　NeoKylin　Website

在信息化建设过程中，随着计算机技术的快速发展，尤其近几年国家重视支持国产软件的发展，一系列国家政策的发布以及在“核高基”（核心电子器件、高端通用芯片及基础软件产品）的推动下，诞生了中标麒麟等操作系统。这些操作系统产品的诞生对打破微软在中国的垄断地位，保护中国信息系统的安全，促进民族软件产业的发展具有重要的战略意义。

Windows XP 被停止服务以后，一方面会受到网络黑客的直接攻击，另一方面，会受到更高级的移植性攻击。由于微软 Windows 系统的内核具有传承性，当网络黑客在新操作系统上发现新漏洞或寻找到可攻击目标时，可以通过移植技术反推到无微软官方安全防护措施的 XP 系统上。微软在中国 PC 端操作系统市场拥有七成以上的份额，国家政府部门也在大量使用微软操作系统。

由于操作系统在信息系统中处于非常重要的位置，微软 XP 系统“停服”给国家带来严重的信息安全隐患。微软 Windows XP 操作系统在党政军要害部门以及金融、能源、电力、通信、交通等关键基础领域有着广泛的使用。国家计算机病毒应急处理中心发布的《Windows XP 系统安全状况调研报告》显示，在政府企业用户群中所抽样的 121 万台电脑设备中装有 XP 系统的所占比例竟高达 72.6%，可见政府与企业部门的 XP 使用率相当高。XP 系统停服将使大量载有重要信息的政府部门电脑设备失去基本的防护能力，重要资料、敏感资料可能丢失甚至被盗取，安全状况令人堪忧。

有关专家认为，微软公司新推出的 Windows7、Windows8 采用了“可信计算”架构，这使微软可以轻易地控制用户的计算机。而“Windows 8”在操控用户计算机方面比 Vista 走得更远，它不仅采用了和 Vista 相同的“可信计算”架构，而且还捆绑了微软自己的杀毒软件 Windows Defender。如果这样的话，第三方杀毒软件将被扼杀，更为严重的是，这使微软可以借“杀毒”之名，随时扫描用户计算机，并随时发布“补丁”程序，这样将在更大程度上加强对用户计算机的控制，严重影响着用户的隐私信息安全。

简单的替代不仅使信息安全问题暴露无遗，更重要的是中国将再次失去 IT 核心技术自主可控能力的机会，并带来更多的安全性问题。由于长期以来，中国在信息安全方面缺乏顶层设计和战略规划，虽然网络技术取得了长足发展，但是在 IT 核心技术方面对国外的依赖度越来越强。如果长此以往，中国将逐步丧失数据主导权，网络安全将无从谈起。进入大数据时代，数据就是资源，数据的价值在于流动，如果中国在 IT 核心技术和信息关键基础设施方面再依赖于国外技术，那么中国在数据跨境流动方面将会处于被动的局面。

微软将终止支持“视窗 XP”（XP）事件不仅仅是一项重大信息安全事件，需要制定应对措施，而且由此也产生了用国产操作系统替换 XP 的客观需求，这是中国软件界几十年难逢的机遇，国产操作系统如能首先从桌面电脑切入市场，今后也有可能再扩展到移动终端市场。微软 XP 事件将会成为中国自主可控政策的转折点，中国网络强国战略的突破点。

1 Windows 下的 . NET 架构

微软的 . NET 技术概述：

. NET 是微软用来实现 XML，Web Services，SOA（面向服务的体系结构 Service - oriented architecture）和敏捷性的技术。. NET 平台包括用于创建和操作新一代服务的 . NET 基础结构和工具，可以启用大量客户机的 . NET User Experience，用于建立新一代高度分布式的数以百计的 . NET 积木式组件服务，用于启用新一代智能互联网设备的 . NET 设备软件等。

. NET Framework 即所谓的 NGWS（Next Generation Windows Services），它的目标是成为新一代基于 Internet 的分布式计算应用开发平台。. NET 语言家族中的每个成员都根据公共语言规范，被编译为 Microsoft 中间语言（IL）输出。应用开发的主要类型是开发 Web Form、Web Services 以及 Windows Form 应用。这些应用通过 XML 和简单对象访问协议（SOAP）进行通信，从基类库获得功能，然后在通用语言运行时运行，. NET 架构主要用在 Windows 操作系统中配合 C#语言使用[1]。

2 中标麒麟下的 Java 架构研究方案

Java 是一种可以撰写跨平台应用程序的面向对象的程序设计语言。Java 技术具有卓越的通用性、高效性、平台可移植性和安全性，易学易用，Java 独特的编译和解释过程，使得 Java 语言具有了平台无关性和安全性，而这些特性的关键在于 Java 字节码的设计以及运行该字节码的 Java 虚拟机[2]（见图 1）。

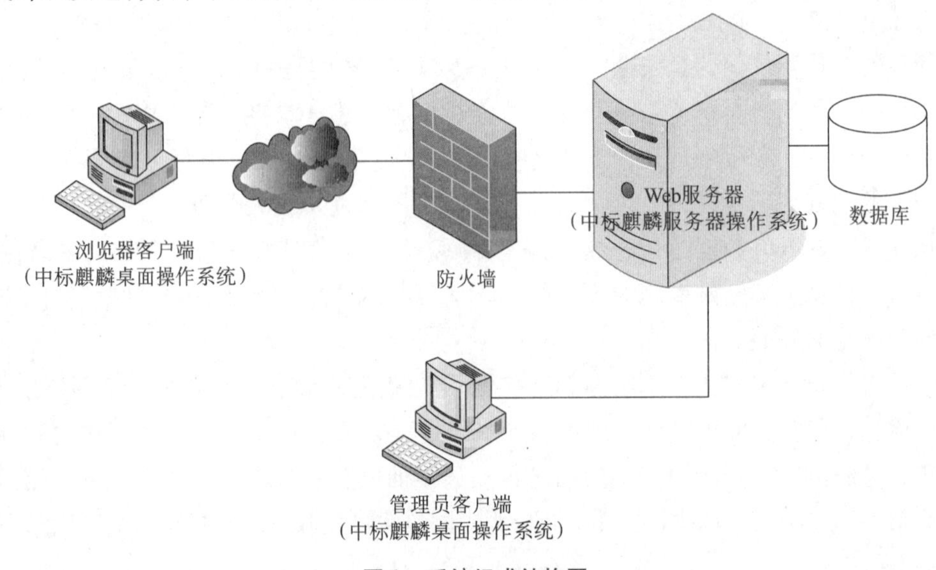

图 1　系统组成结构图

2.1 平台环境

（1）开发工具：中标麒麟桌面操作系统、HTML、GIMP、MyEclipse、JSP。

（2）服务器系统的配置：中标麒麟服务器操作系统，火狐浏览器，Apache 服务器，MySQL 数据库的安装配置。

2.2 架构实现

（1）Web 服务器、数据库服务器。Web 服务器的主要功能是接收客户端发出的 HTTP 请求，处理请求并返回相关数据。基于国产操作系统的 Web 应用，服务器系统可采用 Apache，JSP 应用服务器可采用 Tomcat。

数据库服务，顾名思义就是为 Web 服务器应用提供数据访问服务，其主要功能是为 Web 应用提供相应的数据访问接口，并实现数据的物理存储，如声音、图片、文字等。国产数据库软件主要包括人大金仓、达梦、神通，这些国产数据库基本具有多种身份鉴别、实时入侵检测与报警、系统表强制访问控制等在内的高等级安全功能和安全保证需求，可以满足中小企业的线上生产需求[3]。

（2）中间件。国产中间件主要有用友、中创、金蝶、东方通等品牌，国产中间件仅支持 JSP 应用。软件中间件为服务器系统提供构件化开发、部署、运行与管理环境，屏蔽底层硬件、操作系统、数据库的差异，提供事务、安全、高性能、可扩展性、可管理性、可靠性和可伸缩性保障，为应用提供全生命周期管理，使服务器系统变得易于维护和管理[4]。

（3）管理员客户端。网站系统管理员主要是对网站数据进行实时的更新，确保数据的准确性，及时性，有效性，同时保证数据库的完整性，确保网络的高效稳定运行，用户访问及时获取信息。

（4）浏览器客户端。主要使用中标麒麟操作桌面操作系统，客户端向服务器发出 HTTP 请求（Request）；接收服务器返回的响应数据（Response），经过分析处理，再经过专业防火墙设备，网络上的浏览器通过解析由服务器返回的数据，生成 HTML 页面，将最终结果显示在请求客户端浏览器上，为用户提供良好的人机交互界面，当前国产跨平台浏览器以火狐浏览器为主[5]。

3 关键技术

3.1 Apache 服务器

Apache HTTPServer（以下简称 Apache）是 Apache 软件基金会的一个开放源码的网页服务器，可以在大多数计算机操作系统中运行，由于其多平台和安全性被广泛使用，是最流行的 Web 服务器端软件之一。它快速、可靠并且可通过简单的 API 扩展，将 Perl/Python 等解释器编译到服务器中。

3.2 MySQL 数据库

MySQL 是一个关系型数据库管理系统，MySQL 最流行的关系型数据库管理系统，在WEB应用方面MySQL是最好的RDBMS（Relational database management system，关系数据库管理系统）应用软件之一。MySQL是一种关联数据库管理系统，关联数据库将数据保存在不同的表中，而不是将所有数据放在一个大仓库内，这样就增加了速度并提高了灵活性。MySQL所使用的SQL语言是用于访问数据库的最常用标准化语言。MySQL软件由于其体积小、速度快、总体拥有成本低，尤其是开放源码这一特点，一般中小型网站的开发都选择MySQL作为网站数据库。由于其社区版的性能卓越，搭配PHP和Apache可组成良好的开发环境。

4 总 结

由于操作系统对于智能终端强大的基础性管理能力以及操作系统的程序代码复杂性，提供操作系统服务的企业很容易通过后门植入等手段获取用户的各种关键信息数据，一方面能够被利用于他国的监控计划中；另一方面，进入大数据时代，数据就是资源，如果中国全面禁止使用Windows窗口系统，而是使用国产操作系统，在IT核心技术和信息关键基础设施方面不依赖于国外技术，那么，中国将逐步增强数据主导权，就能实现操作系统的自主可控，将消除存在极大安全隐患的网络，维护中国国家网络空间主权安全[6]。

本文基于国产操作系统的网站研究与实现只是其中的一部分，要实现国产操作系统的自主可控，推进操作系统的国产化应用，软件生态圈的构建是关键，本文的研究对其他软件的国产化应用也具有借鉴意义。

参考文献

[1] 严武军．基于Java EE网站内容管理系统的设计与实现．电脑开发与应用，2012，25（12）：29－35.

[2] 何林，冯淑娟．.NET架构下的新生报到注册系统的设计与实现．Computer Era，2004，9：30－31.

[3] 方兴东，张静，胡怀亮，刘国辉，李志敏，严峰，张雪征．安全操作系统“中国梦”——中国自主操作系统战略对策研究报告．2014.

[4] 吴金才，张辛，吴勇军，李智．国产操作系统的技术特点及应用范围研究．电脑知识与技术，2015，1（4）．

[5] 赵正旭．麒麟操作系统使用与推广［M］．北京：科学出版社，2014.

[6] 中标麒麟桌面操作系统软件6.0－快速使用指南．中标软件有限公司，2014.

作者简介

陶智（1991—），男，山西忻州人，石家庄铁道大学信息科学与技术学院计算机软件与理论专业，硕士研究生，电子邮件：1648176932@qq.com，研究方向：应用软件。

赵正旭（1960—），男，山东省青岛人，教授，长江学者，博士生导师，电子邮件：zhaozx@stdu.edu.cn，主要研究领域：小世界网络系统，虚拟现实技术及应用。

基于微博的信息检索研究

崔娜　范通让

（石家庄铁道大学信息科学与技术学院，河北石家庄市050043）

A Survey of information research based on Microblog

Cui Na, Fan Tongrang

(School of Information Science and Technology, Shijiazhuang Tiedao University, Shijiazhuang 050043, China)

【摘要】随着微博的快速发展，其在社交领域的地位也越来越重要。基于满足用户从海量微博中获取信息的需求，微博检索已经成为一个重要的研究课题。微博文本具有文本内容短、更新快、融合社交网络等特点，这些特点决定了微博检索不同于传统的Web检索。该文主要介绍了微博检索与传统文本检索的不同点及微博本身的多种特征，同时介绍了语言模型的构建的相关工作，主要包括几种主流的语言模型以及三种平滑技术，最后分别介绍了微博用户和微博消息的网络特性，微博文本的研究以及基于微博时间敏感性特征的微博检索的研究成果。

【关键词】微博检索　微博特性　平滑技术　语言模型　微博文本　时间信息

【Abstract】with the rapid development of micro - blog, it has an more and more important position in the field of social media. Based on to meet the needs of user to gets information from massive date of microblog, Twitter search has become an impotant research topic. Twitter text has features such as short text content, fast updates, integrated social networking and so on, these features decide Twitter search is different from Traditional Web serch. This paper mainly introduces the point of Twitter retrieval differs from the traditional text retrieval and features of Twitter itself. It also introduced related work in the construction of the language model, includes several popular language models and three smoothing methods. Lastly, the paper introduced the research result respectively based on micro - bloggers and Twitter news network features, Twitter text - based research based on microblog Twitter retrieval time - sensitive features.

【Keywords】Microblog Search　Microblog Search　Smoothing Methods　Language Model　Microblog Text　Temporal Information

随着 Web 2.0 近年来的广泛应用，微博已成为当今时代的主流社会媒体。微博用户通过微博可以向自己的粉丝朋友分享不超过 140 字符的短消息，微博用户可以追随自己感兴趣的任何用户，比如自己的朋友、同事以及明星企业家等；可以就任何自己感兴趣的话题随时随地发布简短消息以及自己对于某些热门事件的见解和感受。

微博的时效性和便捷性使其在短时间内聚集了大量的用户，且其用户量现在还在不断增长过程中。与用户量同时增长的还有其数据量。CNNIC 发布的最新报告[1]指出截至 2015 年 6 月，中国微博客用户规模为 2.04 亿，网民使用率为 30.6%，手机端微博客用户数为 1.62 亿，使用率为 27.3%，比 2014 年底上升了 10.7%。随着用户数量的急速增长，微博数量也呈现出爆发式的增长趋势。如今微博已经发展成为集用户快速发表个人状态和快速获取最新最热门信息的一个重要渠道。面对如此浩瀚的数据，用户如何快速有效地检索到所需要的信息就变成一个亟待解决的问题。

1 微博检索与传统文本检索的对比分析

1.1 微博文档特点

微博文档是用户发布的不超过 140 个字的文本信息，具有许多独特的特点，譬如含有“#”和“@”等特殊字符以及针对字数限制问题部分用户会加 URL 以丰富文本信息。另外，微博作者资料中包含关注者和粉丝的信息。关注者指用户感兴趣的信息发布者，粉丝指对用户发布信息感兴趣的人。在用户资料中也会有目前已发的微博数量以及自定义的个人标签信息。

微博文档具有很多特征，将其分为二类以便更好地理解微博特性并将其作为微博检索的依据。第一类是内容属性[2]，主要是指用户发表的文档中所含有的属性，如“#”,“@”及内容中所含的链接等。第二类是用户属性[2]，主要是指用户本身所含的属性信息，如关注数、粉丝数、所发微博数量及认证消息。

1.2 微博的时间敏感性

文献[3]指出时间是影响信息检索特别是微博检索的重要因素，把微博查询的大部分相关文档出现的时刻定义为热门时刻，最终通过实例证明微博查询的大部分相关文档并没有出现在最新时刻而是出现在最热门时刻。这与人们惯性思维中的观点不同。在微博检索中涉及先验概率，即根据以往经验和分析得到的概率。在证明微博检索具有时间敏感性的基础上我们可以把时间概念融入到先验概率的计算中，最终达到提升微博检索的效果的目的。

2 语言模型构建的相关工作

2.1 语言模型

信息检索在文献[4]中定义为“信息检索是从大规模非结构化数据（通常是文本）

的集合（通常在保存在计算机上）找出满足用户信息需求的资料的过程”。语言模型是实现信息检索的一个模型，能够将文档和查询的主题表示成语言模型。语言模型主要有二种。第一种是基于概率论理论提出的经典概率模型[5]，排序的原则是估计相关性模型和非相关性模型的概率然后基于优势率比率对文档进行打分，按最终分数的高低对文档进行排序。第二种是一元统计语言检索模型[5]。该模型把词和词之间的关系忽略，把查询和文档都当作是语言单元的序列。最早提出的语言检索模型是查询似然模型（Query likelihood model），根据由文档语言模型生成的查询文本的概率 $P(Q|D)$ 对文档进行排序，其中 D 表示文档（Document），Q 表示查询（Query）。

从一个查询项开始，可以通过计算 $P(D|Q)$ 对文档进行排序。根据贝叶斯法则，计算公式（1）式所示：

$$P(D|Q)=\frac{P(Q|D)\,P(D)}{P(Q)}\propto P(Q|D)\,P(D) \qquad (1)$$

其中，$P(Q|D)$ 是给定文档查询的似然函数；

$P(D)$ 是文档的先验概率，主要是说明文档的重要性、可参考性；

$P(Q)$ 是查询 Q 的先验概率，对所有文档都相同，可以在排序中忽略它的影响。

$P(D)$ 一般假设是唯一的。但是也有一些非一致先验概率的模型，例如，Google 的 PageRank 思想[6]，根据网页中 URL 形成的连接网计算权重来对网页文本进行加权，从而使不同的网页具有不同的先验概率。同样对于微博文档也可以根据其某些特性定义先验概率的计算方法，最终提升检索的效果。$P(Q|D)$ 的概率值可以采用文档一元模型来计算，如（2）式所示：

$$P(Q|D)=\prod_{i=1}^{n}P(q_i|D)=\prod_{i=1}^{n}\frac{f_{q_i,D}}{|D|} \qquad (2)$$

其中 q_i 是查询中的词，查询项中有 n 个成员，$f_{q_i,D}$ 是词语 q_i 在文档集合 D 中出现的次数，$|D|$ 表示 D 中词语的数量。

2.2 平滑方法

对于 $P(Q|D)$ 方法，若文档中每个词项权重相等，未考虑噪音，特别是当文档中未出现这个词时则得到的概率值为零，这将影响打分函数的计算。平滑技术主要是用于避免数据稀疏性问题以及似然估计问题。平滑技术方法一般是通过降低文本中出现的词语的估计概率，对文本中未出现的词语的概率估计一个值。迄今为止，研究人员已经提出了一系列的平滑算法，语言模型中常见的平滑算法[7]有以下几种：JM，Bayesian dirichlet，Abs. Discount。其公式和平滑系数如表 1 所示。

JM 方法：该方法由 Jelinek 和 Mercer 于 1980 年首先提出。JM（Jelinek－Mercer）平滑也称为线性插值平滑（Linear interpolation smoothing），该参数平滑技术的基本思想是利用低元 n－gram 模型对高元 n－gram 模型进行线性插值。该方法主要是用降元来弥补高元的数据稀疏问题，数据估计有一定的可靠性，但参数估计比较困难。

表1　语言模型中三种常用平滑算法

方法	公式	平滑系数
JM	$(1-\lambda)p(w\mid d)+\lambda p(w\mid C)$	λ
Bayesian dirichlet	$\frac{c(w;d)+\mu p(w\mid C)}{\sum c(w;d)+\mu}$	$\frac{\mu}{\lvert D\rvert+\mu}$
Abs. Discount	$\frac{\max(c(w;d)-\delta,O)}{\sum c(w;d)}+\frac{\delta\lvert d\rvert_u}{\lvert d\rvert}p(w\mid C)$	$\frac{\delta\lvert d\rvert_u}{\lvert d\rvert}$

Bayesian dirichlet 方法：该方法由 MacKay 和 Peto 1995 年提出。一种语言模型是一个多项式分布，与之相对应共轭先验的贝叶斯分析是狄利克雷分布。拉普拉斯方法是该技术的一个特殊案例。

Abs. Discount（Absolute discounting）：该方法由 Ney 于 1994 年提出，主要通过减去一个常数的方法来降低出现词的概率。该方法和 JM 方法类似，不同之处在于对于出现词的概率乘以一个常数而不是减去一个常数。

对于表格中的平滑参数 λ，其值的确定主要通过以下二种方式：一是利用启发式方法进行不断尝试；第二种是使用训练语料库学习获取。最终选择一个合适的 λ 值，获取最佳的检索结果。

3　微博检索研究现状

作为一个与传统社交媒体有着显著不同的平台，微博从第一次出现就吸引了众多研究者的目光。总体来说，对于微博的研究主要集中在以下几个方面：第一阶段主要是针对微博用户和微博消息的网络特性进行研究；第二阶段主要是针对文本进行研究；第三阶段主要是针对微博的时间特性进行研究。下面我们从上面几个方面对微博检索进行分析归纳。

3.1　微博用户和微博消息的网络特性的研究

微博用户和微博消息的网络特性主要是微博的内容属性和用户属性。微博的内容属性主要包含以下几个方面：词频，即某一个词在整个文档集中出现的次数；文档频率，即出现某个词的文档个数；是否进行了文档长度归一化处理；是否包含标签，若含有则标签的内容是什么；是否包含 URL；是否是另一篇微博的回复通常通过转发是否含@符号来区别；微博是否@某个用户等。微博的用户属性主要包括：用户发布的微博个数；用户的关注数和粉丝数，用户发布的全部微博内容等。下面列举的论文讲述了有关微博特性的研究工作：

Kwak 等人[8]通过分析微博用户彼此之间的"关注—被关注"拓扑结构对 Twitter 数据进行定量分析，发现在 Twitter 中用户彼此之间有很大的关联性。Java 等人[9]通过对 Twitter 数据集，数据集中包含 76177 个用户及 1348543 条微博消息，进行统计分析，发现微博检索具有一定的小世界和幂律分布的特征，微博用户属性中用户关注的人数、粉丝人数以及发表的微博数量，都符合指数分布的规律。这个发现等价于微博中大部分的信息源自于微博中一小部分活跃用户。Nagmoti，Teredesai[10]论文中考虑的微博特性主要有微博作者发表的微博数目、关注数和粉丝数、微博是否进行文档长度归一化处理以及是否含有 URL。微博作者的关注数和粉丝数作为该用户的入度出度定义函数来表示作者的权重，通过对特定查询在商业搜索引擎的 top - k 结果进行重排序，通过判断重新排序后得到的结果相对之前的结果是否有提高进行验证。最终结论是后三者特性的结合能得到最好的检索结果。

3.2 微博文本的研究

针对微博作者发表内容的语义分析，曹鹏等人[11]提出基于最短编辑距离及统计字符类的文本的研究方法，该方法主要用于判定 Twitter 中是否有近似或重复消息，在一定程度上提高了微博信息的利用价值。Han. 等人[12]进行了微博文本归整化的研究，通过词典检查拼写错误及 slang 单词识别等技术来修正微博中的不规范语言，实验结果表明这对对微博文本检索性能有一定提升，但该方法同时引来大量噪声。微博中很多消息带有情感倾向，Bermingham 等人[13]和 Go 等人[14]主要研究微博情感分类，研究结果表明对微博的情感分析有比较好的效果提升，此外我们可以采用机器学习方法对微博进行情感分类研究，达到高效准确的目的。

3.3 微博的时间特性

根据相关研究的分析结果，我们发现人们在微博检索过程中更加趋向于搜索实时性的内容，特别是以下几类：新闻、实时报道和热点话题。若微博用户对某一个话题感兴趣，则微博用户可能会经常检索同一个查询，跟踪该事件的发展趋势，这导致 Twitter 查询一般比较短，重复度高。总体来说，人们利用传统网页检索倾向于去学习现有的知识，而人们使用微博检索是为了去挖掘和跟踪新事件。关于微博检索较早的研究包括：Sakaki 等人[15]调研了微博检索中的实时特性，并用于 Twitter 中事件检测，而且采用了查询扩展提高召回率。Efrom 等人[16]将时间因素融入到微博检索排序过程中，用查询请求 Q 经过一系列检索返回一个初始微博文档列表，计算 Q 和文档的相关分数，将时间因素融入到计算过程。

4 结 论

微博是当今社交媒体和互联网数据的重要组成部分，微博检索具有重要的研究和应用价值。本文主要讲述了用户发表的微博文档所具有的不同于传统文档的特点，同时，微博的特殊性使得微博检索的效果与时间因素有紧密关系，即微博检索具有时间敏感性，所以需要在检索技术中引入时间这个因素。研究结果表明在微博检索中加入时间信息对微博检索性能优化有很大帮助。接着我们了解了二种常用的语言模型即基于概率论理论提出的经典概率模型和一元统计语言检索模型和三种常用的平滑技术并对三种平滑技术进行了详细的分析。我们可以按照自己的需求选择合适的语言模型和平滑技术进行检索。最后对研究工作进行了整理，分别介绍了基于微博用户和微博消息的网络特性，基于微博文本的研究以及基于微博时间敏感性特征的微博检索的研究成果。同时，我们发现微博检索研究中还有很多不足，例如，对微博之间链接关系的研究尚浅，如何利用这些关系将是一个重要的研究课题，同时我们对微博中的视频语音信息几乎没有考虑，而里面包含了丰富的信息，以上都是我们需要改进的地方。

参考文献

[1] 中国互联网络信息中心. 第36次中国互联网络发展状况统计报告［R］. 2015.

[2] 卫冰洁，王斌，张帅等. 微博检索的研究进展［J］. 中文信息学报，2015，29（2）.

[3] 卫冰洁，王斌. 面向微博搜索的时间感知的混合语言模型［J］. 计算机学报，2014，37（1）：229－237. DOI：10. 3724/SP. J. 1016. 2014. 00229.

[4] 曼宁. 信息检索导论［M］. 人民邮电出版社，2010.

[5] 李赟. 基于语言模型的微博文本检索方法［D］. 哈尔滨工业大学，2012.

[6] 李绪维. 微博短文本检索关键技术研究［D］. 哈尔滨工业大学，2013.

[7] Zhai C，Lafferty J. A study of smoothing methods for language models applied to information retrieval［J］. Acm Transactions on Information Systems，2004，22（2）：179－214.

[8] H. Kwak，C. Lee，H. Park and S. Moon. What is twitter，a social network or a news media. In proceedings of the 19th international conference on World wide web（WWW）. Pages 591－600，2010.

[9] S. Wu，J. M. Hofman. W. A. Mason. Etal. Who says what to whom on Twitter［C］// Proceedings of the International Conference on World Wide Web（WWW），Pages 557－566，2011.

[10] Nagmoti R，Teredesai A，Cock M D. Ranking Approaches For Microblog Search［J］. Web Intelligence and Intelligent Agent Technology（WI－IAT），2010 IEEE/WIC/ACM International Conferen，2010，1：153－157.

[11] 曹鹏，李静远，满形等. Twitter中近似重复消息的判定方法研究［C］. 第六届全国信息检索学术会议论文集2010：20－27. DOI：doi：10. 3969/j. issn. 1003－0077. 2011. 01. 004.

[12] Han B，Baldwin T. Lexical Normalisation of Short Text Messages：Makn Sens a #twitter［C］. Proceedings of the 49th Annual Meeting of the Association for Computational Linguistics：Human Language Technologies － Volume 1Association

for Computational Linguistics, 2011: 368 – 378.

[13] A. Bermingham, A. Smeation. Classifying sentiment in microblogs: is brevity an advantage? [C] //Proceedings of the 19th ACM International Conference on Information and Knowledge Management (CIKM), Pages 1833 – 1836, 2010.

[14] Huang L, Bhayani R. Twitter sentiment analysis [J]. Entropy, 2009.

[15] Sakaki T, Okazaki M, Matsuo Y. Earthquake shakes Twitter users: real – time event detection by social sensors. [J]. Proceedings of the Nineteenth International Www Conference Acm, 2010: 851 – 860.

[16] D. Metzler, and C. Cai. USC/ISI at TREC 2011: Microblog Track. Proceedings of the 2011 Text Retrieval Conference (TREC2011), 2011.

基于云技术的第三方餐饮外卖平台的服务隐私保护研究

左阳　朴春慧

（石家庄铁道大学信息科学与技术学院，河北石家庄市 050043）

Research on Cloud - based Privacy Protection in the Third Part Catering Delivery Platform

Zuo Yang, Piao Chunhui

(School of Information Science and Technology, Shijiazhuang Tiedao University, Shijiazhuang 050043, China)

【摘要】 随着人们生活方式的不断转变和互联网的普及应用，网络外卖平台迅速发展。餐饮外卖 O2O 平台的建立给顾客带来便捷的同时，也遇到了发展中的瓶颈问题及隐私泄露的问题。本文在介绍当前主流餐饮外卖平台运营商业模式的基础上，分析了所存在的位置隐私和信息隐私风险问题，构建了基于第三方云平台的餐饮外卖隐私保护服务模式的框架，并且说明算法的具体设计与改进是今后研究工作的重点。

【关键词】 云平台　餐饮外卖　隐私保护

【Abstract】 With the continuous transformation of people's lifestyle and the popularity of the Internet, the online takeaway platform develops rapidly. Catering takeaway O2O platform for customers creates a convenient environment, but also brings operation and privacy issues. On the basis of introducing the service mode of the mainstream restaurant delivery platform, this paper analyzes the existing privacy risks, and constructs the model of catering takeaway privacy protection based on the third party cloud platform, and proposes a series of encryption algorithms based on the attribute set of user information to achieve a privacy protection method, and gives a sample of privacy protection, which shows its availability and effectiveness.

【Keywords】 Cloud Platform　Catering Takeout　Privacy Protection

随着社会发展和工作生活节奏加快，一方面，人们的生活方式不断发生新的变化，催生餐饮外卖市场。另一方面，为应对日益加剧的餐饮行业竞争，越来越多的餐饮商家积极拓展外卖渠道。近年来，互联网的普及应用和智能移动终端的广泛使用，改变了传统的餐饮外卖的经营方式，互联网餐饮外卖市场蓬勃发展，以饿了么、美团外卖、百度外卖、到家美食会为代表的 O2O（Online to Offline，线上到线下）模式网络餐饮外卖平台大量涌现。据艾瑞咨询公司发布的《2015 年中国外卖 O2O 行业发展报告》，2014 年中国餐饮外卖市场规模已超过 1600 亿元，外卖 O2O 总交易额达 95.1 亿元，同比增长 125%，然而，对比 1600 亿元的整体外卖市场规模，外卖 O2O 的渗透率不足 6%，发展潜力巨大。

为应对激烈的市场竞争，主流餐饮外卖平台发挥各自优势，寻求突破送餐物流速度不稳定、餐饮商户信息化程度低、中低端客户群体为主、食品安全与食品质量等瓶颈问题[1]。然而，对于大数据时代背景下的餐饮外卖用户隐私保护问题关注不足。与其他互联网各类应用平台一样，在第三方餐饮外卖平台上存储着用户的大量的隐私数据，如个人信息、支付信息和交易信息等。通过攻击第三方餐饮外卖平台的后台数据库，攻击者就可能得到用户的所有信息，导致用户隐私泄露风险。若不能恰当地保护用户不可控的隐私信息，将阻碍第三方餐饮外卖平台的发展[2]。

本文在分析第三方餐饮外卖平台发展现状、运营模式及隐私风险的基础上，构建了基于第三方云平台的餐饮外卖隐私保护应用系统框架和运作流程，提出了一种基于云存储的餐饮外卖平台用户隐私保护解决方案及相应算法，并通过一个应用示例表明了其可用性和有效性。

1 互联网餐饮外卖平台发展现状及问题分析

1.1 餐饮 O2O 市场发展现状

在云计算、物联网及大数据等应用的带动下，互联网带动了传统产业的变革和创新。据国家统计局发布的数据，2014 年中国餐饮行业市场规模为 2.79 万亿元，同比增幅 9.7%。艾瑞咨询统计数据显示，2014 年中国餐饮 O2O 市场规模为 975.1 亿元，占餐饮行业总体的比重为 3.5%。并且众多传统餐饮和互联网巨头也纷纷布局，市场得以在近年来快速发展。如图 1 所示，2014 年中国互联网餐饮外卖市场规模呈现爆发式增长。

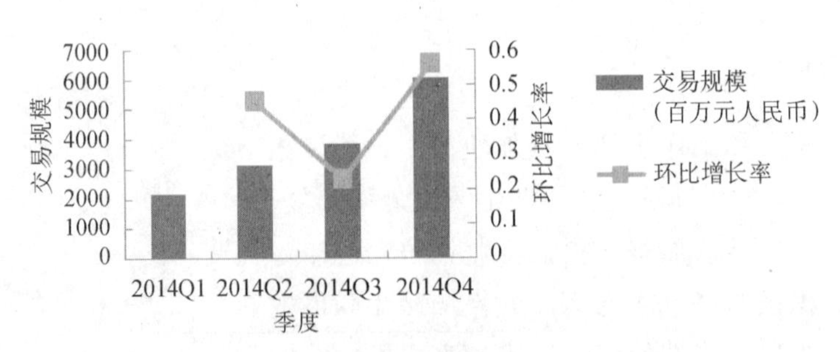

图 1 2014 年中国互联网餐饮外卖市场交易规模

1.2 餐饮外卖平台发展现状与运营商业模式分析

1.2.1 餐饮外卖O2O平台发展现状

中国互联网餐饮外卖模式是从2006年肯德基上线“宅急送”开始的。2009年，“饿了么”网站上线，开始探索第三方O2O餐饮外卖平台模式。2010～2013年Hi捞送、到家美食会、易淘食等平台涌现。2014年，互联网巨头纷纷涌入，百度、阿里、美团纷纷发力互联网餐饮外卖市场[3]。

1.2.2 餐饮外卖O2O平台运营商业模式分析

关于运营模式和商业模式，有许多不同的定义。我们从平台参与主体、价值获取、服务流程三个方面分析第三方餐饮外卖O2O平台运营商业模式。

餐饮外卖O2O平台涉及四类参与主体：平台、餐户、用户及物流配送方。平台主要包括信息管理、订单管理和反馈管理三个功能模块。其中，信息管理模块涉及对用户个人信息、餐户餐品信息及历史订单信息的管理功能，其中数据存储在本地数据库中；订单模块管理用户下单、支付到订单生成的全过程；反馈模块提供对订单完成后用户的评价及推荐等功能。在为各方提供软硬件服务的基础上进行收费。目前，为了积累用户，第三方餐饮外卖O2O平台一般选择对用户采取免费策略；对于餐户，平台在提供软硬件服务的基础上收取一定的费用，或按每个订单抽取一定的佣金；对于与平台合作的物流配送方，则按约定由平台或餐户支付费用。第三方餐饮外卖O2O平台的服务功能及流程如图2所示。

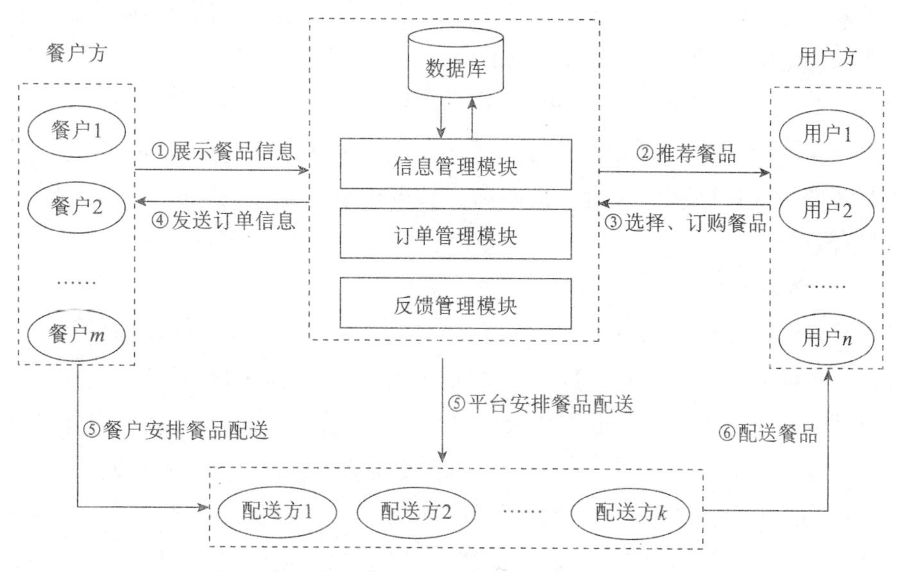

图2 第三方餐饮外卖O2O平台服务功能及流程

1.3 餐饮外卖平台存在的问题

随着餐饮外卖O2O平台的快速发展，送餐物流速度不稳定、餐饮商户信息化程度低、学生用户占比大、食品安全问题等已成为瓶颈问题[3]。针对这些问题，各大外卖平台主要通过自建线下物流体系，提高外卖配送速度和服务质量；提供后台管理软件，使餐户能够高效地处理外卖订单、网上收银等；拓展白领及家庭外卖等中高端市场，提升盈利空间；建立对餐饮商户的审核认证和用户反馈评价体系，加强食品安全监管。如何将云计算、大数据处理等新技术运用于这些问题的解决方案，是一个值得探讨的课题。

位置信息的泄露不仅可以使攻击者掌握用户的家庭住址等敏感信息从而引发个人安全风险，甚至可以使攻击者通过分析大量、连续的位置信息推断出用户的其他敏感信息，如生活习惯、身体状况等。

敏感信息的泄露带来的问题越来越严重，很多网站甚至可以查到用户包括家庭住址、工作单位、犯罪记录、银行借贷记录、甚至个人财产记录等在内的个人的重要信息。而这些信息往往又被很多不法分子利用，以致敲诈勒索案件频发，防不胜防。个人敏感信息的泄露已经成为不可忽视的重要问题。

在餐饮外卖O2O平台应用中，同样存在信息隐私保护问题。本文主要关注订餐用户及餐户的敏感信息隐私的保护。

2 基于云技术的第三方餐饮外卖隐私保护服务模式

2.1 隐私的概念

隐私概念在心理学、法学、社会学、经济学、管理科学、信息科学等多种学科领域有其不同的含义。1890年，Warren和Brandeis在《哈佛法律评论》上发表了《隐私权》一文，首次提出了隐私权的概念，将隐私定义为是一种独处的权利[4]。关于信息隐私，Mason认为是控制、收集和使用个人信息的权利[5]；Culnan将信息隐私定义为某人控制其他人接触自己个人信息的能力[6]；France等则认为信息隐私是指个人期望控制其自身数据或者对其自身数据具有影响力[7]。

2.2 相关研究

针对云存储的隐私信息保护问题，不同的设计者有不同的隐私保护思路。孙辛未等人提出一种新的针对云存储的数据隐私保护方法BSBC，它在上传前，将数据按照比特位进行拆分，重新组装后形成多个数据文件，再分别上传到云存储服务器；下载时，先将所有数据文件下载，然后通过位合并再恢复成原始文件[8]。黄汝维、桂小林等人设计了一个同态加密算法，该算法通过运用向量和矩阵的各种运算来实现对数据的加密和解密，并支持对加密字符串的模糊检索和对密文数据的加、减、乘、除4种算术运算，该算法执行同态加减运算的效率较高，但在执行密文检索和同态乘除运算时效率很低，且运算代价随向量维度的增加而增加[9]。侯清铧、武永卫等人提出了一种基于VMM的云数据机密性保护方法，基于SSL来保证数据传输的安全，利用Daoli安全虚拟监控系统保护数据存储的安全，数据在传输到云端前，用户客户端SSL模块会将数据加密，云端的操作系统接收到用户密文数据后，将密文数据提交给分布式文件系统，分布式文件系统的 SSL 模块会将数据解密以进行处理，如用户要将数据保存到分布式文件存储系统，虚拟监控系统会在存储前对数据进行加密；反之，如果用户要从分布式文件存储系统中读取数据，虚拟监控系统会先将数据解密[10]。

2.3 基于云技术的第三方餐饮外卖平台隐私保护模式框架

本文提出的第三方餐饮外卖平台将用户的数据存储在云端，既为第三方外卖平台节约了资源，也杜绝了攻击者通过攻击第三方平台获得用户信息的渠道。本文提出的第三方餐饮外卖平台通过将用户数据存储在公有云上，当用户采用公有云来存储数据即存储外包时，数据将不再处于自己的可控信任域之内，而是处于云服务提供商的控制域内，这种情况下，用户隐私和数据不仅可能泄漏给云服务商，还可能泄漏给包括竞争对手在内的其他用户[11]。因此将数据存储在公共云上在给第三方外卖平台带来便捷的同时，将用户数据的隐私安全问题暴露出来。存储至云服务提供商端的数据往往包含大量个人或者他人不希望别人知道的信息，但是用户数据的存储和处理都发生在云端，其安全性由服务提供商负责。我们认为云服务提供者诚实但是好奇的[12-13]，云服务提供商将诚实地遵守数据访问政策但可能试图在存储的数据中找出尽可能多的机密信息。因此，人们对这些数据安全性的担忧是合理的。据此，我们提出了基于公共云上数据存储的隐私保护方法。

用户将数据存储在云中，本地不再保存用户数据，因此保证存储在云中数据的安全性至关重要[14]。本文假设在传输过程中隐私保护被 SSL[15] 和 TSL 很好的解决了，假设关注的隐私保护的数据存储在云服务提供商。

数据库中存储了所有用户及餐户的所有的账户信息，这些构成了整个用户账户的集合，其中注册账户的用户 U 的账户信息：

$$Account_U = \{ID_U, Attribute_U\}$$

其中 ID_U 表示包括不可重复的注册手机号、注册邮箱号、银行卡号等在内的用户的唯一标识码，通过唯一标识码可以唯一确定一个用户；$Attribute_U$ 表示该用户绑定的所有信息属性，如姓名、联系电话、性别、当前订单餐品类别、当前订单金额、当前订单送餐地区、当前订单送餐具体地址、历史订单餐品类别、历史订单金额、历史订单送餐地区、历史订单送餐具体地址、历史订单评价信息等。

注册餐户 B 的账户信息：

$$Account_B = \{ID_B, Attribute_B\}$$

其中 ID_B 表示餐户的唯一标识码；$Attribute_B$ 表示该餐户绑定的所有信息属性，如餐户地址、联系方式、餐品信息、历史订单信息等。

如果只是将原始数据中能唯一标识个体的属性，即唯一标识符去除并不能实现匿名保护[16]。在数据集中常常存在一些称为准标识符的非敏感属性的组合，通过准标识符，可以在数据集中确定与个体相对应的数据记录。攻击者如果已知数据集中某个体在准标识符上的属性值，就可能推出该个体的敏感属性值，从而造成个人隐私泄漏[17-18]。QID准标识符（quasi-identifier）是能唯一标识一个人的属性组。一般准标识符是由数据的发布者经验标识出来的，可能不够准确，而不准确的标识符就可能会导致信息的泄露[19]。因此，根据对数据隐私要求的不同可以对数据进行划分（见图3）。

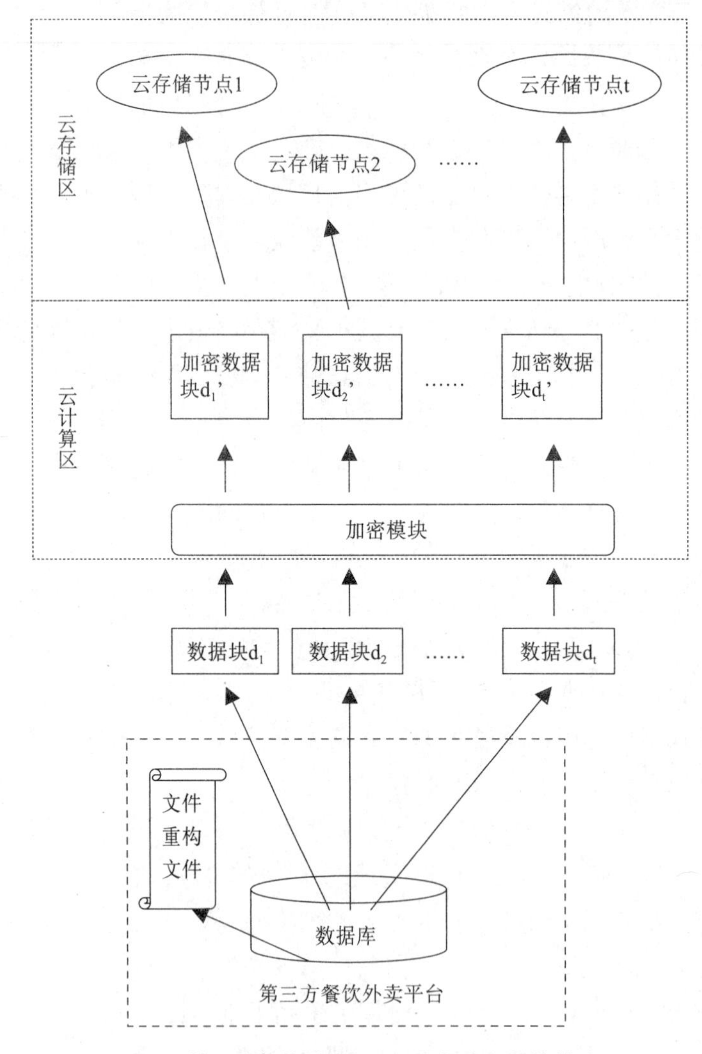

图3 第三方餐饮外卖O2O平台隐私保护模式

假设所有的数据都存储在表T中，从隐私保护的角度出发[20-21]，T的属性被分为三类：唯一标示符，可以清楚地识别个人记录；准标识符，可以确定一条单独的记录；敏感信息，可以是用户不想被人知道的信息，如购买过的订单金额等，这些信息可以单独被分析，可是一旦涉及确定的某个用户这些信息就是敏感信息了。一般唯一标识符和准标识符是结构化数据，敏感信息可能是结构化也可能是半结构化数据。数据匿名化的隐私保护由这个表中的准标识符集产生。

将QID的属性分开存储，使攻击者即使得到了一部分信息也不能推断出是具体的哪个用户，而将QID的属性分开存储就转换成最小顶点着色问题。

如图3所示，在第三方餐饮外卖平台上，信息管理模块中有存储用户和餐户所有数据的数据库，本文采用二级加密的方法，先在本地服务器上对数据进行初级加密，将数据秘密地分块成t个数据块，分别为数据块 d_1、数据块 d_2、…、数据块 d_t，和一个文件重构文件r，其中文件重构文件r存储着数据分块的信息并存储在本地服务器中；计算量大的操作在云平台进行，将得到的t个数据分块分别进行加密模块的加密操作，得到t个密文数据块，分别为密文数据块 d_1'、密文数据块 d_2'、…、密文数据块 d_t'，并将这t个不同的密文数据块分别存储到云存储区域中t个不同的云存储节点上。

3　结　论

近年来第三方餐饮外卖平台飞速发展，人们开始接受第三方餐饮外卖平台的模式，但是层出不穷的隐私问题也引起了广泛的关注，目前还没有好的解决方案。本文首先介绍了互联网餐饮外卖的发展现状，中国互联网餐饮外卖市场规模呈现爆发式增长，提炼和总结了餐饮外卖平台的运营商业模式，并分析了餐饮外卖平台存在的问题，包括平台发展中的瓶颈问题和隐私问题，其中隐私问题包括位置隐私问题和数据隐私问题，引入云计算是发展趋势。第二部分提出了基于云技术的第三方餐饮外卖平台隐私保护的服务模式，介绍了基于云技术的第三方餐饮外卖平台隐私保护的二级加密方法的框架，目前的研究工作还不完善，今后算法的具体设计与改进是研究工作的重点。

参考文献

[1] 艾瑞咨询．2015年中国外卖O2O行业发展报告［R］．北京：艾瑞咨询．2015.

[2] 姜文广，孙宇清．面向第三方服务平台的隐私保护［J］．兰州大学学报（自然科学版），2012（8）．

[3] 北京易观智库网络科技有限公司．中国互联网餐饮外卖市场专题研究报告2015［R］．北京：北京易观智库网络科技有限公司．2015.

[4] Warren S D, Brandeis L D. The right to privacy［J］. Harvard Law Review, 1890, 4（5）: 193－220.

[5] Mason R O. Four ethical issues of the information age［J］. MIS Quarterly, 1986, 10（1）: 5－12.

[6] Culnan M. Consumer awareness of name removal procedures: implications for direct marketing［J］. Journal of Direct Marketing, 1995, 9（2）: 10－19.

[7] France Belanger and Robert E. Crossler Privacy in the Digital Age: A Review of Information Privacy Research in Information Systems, Journal MIS Quarterly, Volume 35 Issue 4, 12（2011）: 1017－1042.

[8] 孙辛未，张伟，徐涛．面向云存储的高性能数据隐私保护方法［J］．计算机科学，2015（5）．

[9] 黄汝维，桂小林，余思，庄威．云环境中支持隐私保护的可计算加密方法．计算机学报，2011，34（12）：2391－2402.

[10] 王智慧，许俭，汪卫等．一种基于聚类的数据匿名方法［J］．软件学报．2010. 21（4）：680－693.

[11] 冯朝胜，秦志光等．云数据安全存储技术［J］．计算机学报，2015（1）．

[12] J. Park，R. S. Sandhu，The uconabc usage control model，ACM Trans. Inf. Syst. Secur. 7（1）（2004）128－174.

[13] C. Dwork，Differential privacy：a survey of results，in：M. Agrawal，D. －Z. Du，Z. Duan，A. Li（Eds.），Theory and Applications of Models of Computation，5th International Conference，TAMC 2008，Xi’an，China，April 25 － 29，2008. Proceedings，in：Lecture Notes in Computer Science，vol. 4978，Springer，2008，pp. 1－19.

[14] 何明，陈国华，梁文辉等．物联网环境下云数据存储安全及隐私保护策略研究［J］．计算机科学，2012（5）．

[15] P. Karlton，A. Freier，P. Kocher，The SSL protocol v3. 0. Internet Draft，Nov.，1996.

[16] 侯清铧，武永卫，郑纬民．一种保护云存储平台上用户数据私密性的方法．计算机研究与发展，2011，48（7）：1146－1154.

[17] Samarati P. Protecting respondents’ identities in microdata release. IEEE Trans. on Knowledge and Data Engineering，2001，13（6）：1010－1027.［doi：10. 1109/69. 971193］．

[18] Sweeney L. k－Anonymity：A model for protecting privacy. Int’l Journal on Uncertainty，Fuzziness and Knowledge－based Systems，2002，10（5）：557－570.［doi：10. 1142/S0218488502001648］．

[19] 宋金玲，刘国华，黄立明等．K－匿名方法中相关视图集和准标识符的求解算法［J］．计算机研究与发展，2009. 46（1）：77－88.

[20] N. Li，T. Li，S. Venkatasubramanian，T－closeness：privacy beyond k－anonymity and l－diversity，ICDE（2007）106－115.

[21] J. Li，J.－J. Yang，B. Liu，A Top－down approach for approximate data anonymization，Enterprise Inf. Syst.（2012）．

作者简介

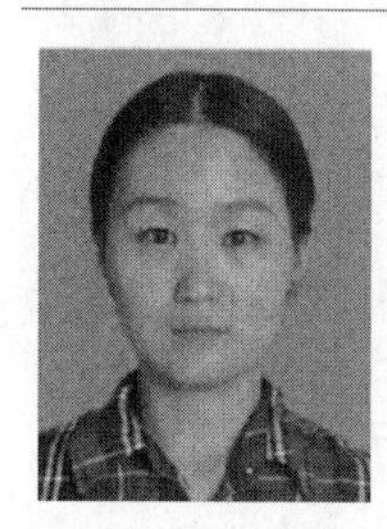

左阳（1990—），女，石家庄铁道大学信息科学与技术学院计算机技术专业，硕士研究生，电子邮件：15232118628@126.com，研究方向：计算机技术。

朴春慧（1964—），女，博士，教授，电子邮件：pchls2011@126.com，主要研究领域：电子商务理论与技术、信息系统、云计算。

基于数据分割的云存储隐私保护策略研究

杨士龙　范通让

（石家庄铁道大学信息科学与技术学院，河北石家庄市 050043）

Research on data fragmentation based privacy preserving mechanism in cloud storage

Yang Shilong，Fan Tongrang

（School of Information Science and Technology，Shijiazhuang Tiedao University，Shijiazhuang 050043，China）

【摘要】针对云存储用户隐私泄露问题，提出了一种基于数据分割的云存储隐私保护策略。在一定程度上缓解了传统加密策略移植到云存储上出现的密钥管理复杂、加密效率低等问题。首先将数据垂直分割为敏感属性集合与非敏感属性集合，然后根据密钥分解理论对数据进行二次分割，形成小数据块，提高加密效率以及实现获取总数据块的一部分即能对数据进行完整恢复。针对敏感度不同的属性集合分别采用 CP－ABE 方式以及异或方式对数据进行加密，其中密钥使用数据块的 HASH 值。使用自定义 Merkle Hash Tree 的数据结构对 HASH 值进行高效存储与检索。经分析，能满足用户对于数据隐私保护的需求。

【关键词】数据分割　云存储　隐私保护　CP－ABE　Merkle Hash Tree

【Abstract】 Focus on leakage of privacy for users of cloud storage，propose a data fragmentation based privacy preserving. To a certain extent，alleviating the complex of key management，low efficiency of encryption and other problems when transplanting traditional encryption strategy in cloud storage. Data will be firstly divided into sensitive attribute set and unsensitive attribute set then perform level – two partition，small data blocks can improve the efficiency of encryption and complete the original data only k data blocks be needed base the key decomposition theory. we use CP – ABE and XOR encryption strategy to encrypt sensitive attribute set and unsensitive attribute set and the HASH of data blocks will be the key. We apply Merkle Hash Tree for efficient storage and retrieval of HASH value. Through the analysis，meet the needs of users for data privacy protection.

【Keywords】 Data Partition　Cloud Storage　Privacy Preserving　CP – ABE　Merkle Hash Tree

1 引 言

云计算[1]技术的日益成熟以及企业、个人数据量的不断增长，衍生出新型存储行业——云存储服务。越来越多的企业选择将大规模的数据以外包的形式托管在云存储服务提供商中。目前主流的云存储平台主要有：Amazon S3、Dropbox、iCloud、Google Drive、Microsoft SkyDrive、SugarSync，以及国内的BAE、SAE和阿里云等。用户通过身份验证上传和下载数据从而减轻本地存储的负担，但用户不能约束云存储服务提供商对数据的窥视，检索。当用户数据为医疗、财务等隐私性强的数据时，这一问题将尤为突出。

针对这一问题，目前学术界大多将传统数据加密策略引入云存储中，数据在上传之前，首先经过密钥封装机制KEM或数据封装机制DEM混合加密机制加密操作[2]，然后上传到云存储服务商中。但具有如下难点：

（1）密钥管理。大规模数据加密以及用户登录认证机制等需要大量的密钥，如何高效存储和利用密钥便成了亟待需要解决的难点。

（2）加密效率。加密策略的选择制约着加密效率，传统的数据加密方式开销大，当面对大规模的数据时往往会有很低的效率。

（3）密文检索。当数据加密上传后，实现高效的密文检索是用户的迫切需求。同态加密算法[3]与纠删码[4]的提出促进了密文检索研究的发展，但由于开销巨大，还停留在理论研究阶段。

（4）完整性验证。云存储服务提供商通常采用冗余热备的方式保证云存储服务端的数据不会丢失，但不能保证用户端下载后数据的完整性，一般委托第三方审计机构来对数据的完整性进行校验[5]，这就进一步增加了数据隐私泄漏的风险。

对此，张浩等人提出了一种适用于云存储动态策略的密文访问控制方法CACDP（Cryptographic Access Control strategy for Dynamic Policy）[6]，该方法提出了一种基于二叉Trie树的密钥管理机制，减少了密钥管理负担，提高了处理效率。徐小龙等人提出了一种基于数据分割与分级的隐私保护策略[7]，提出将数据块先分割成大数据块和小数据块，小数据块存在本地，大数据块分级加密上传到云存储。这样就提高了加密的效率。在Ping Ren等人提出的隐私保护架构[8]中，数据分割之后上传到不同的云存储服务商中，并定义了CSQL（Cloud_ supported SQL）来对数据进行查询，给出了密文数据查询与整合算法。Chen等人将Merkle Hash Tree引入RDPC（remote data possession checking）协议[9]中来实现数据的完整性校验。

本文提出了一种基于数据分割的混合云存储隐私保护策略，通过将数据二级分割后分别加密上传来实现对数据的隐私保护，我们定义了属性敏感度与阈值的概念，用户可以通过自行设定来调节隐私的保护强度。我们使用HASH值的方式来实现数据的完整性验证并将HASH值以Merkle Hash Tree的结构进行存储，同时将HASH值作为加密密钥，从而提高了HASH值的利用率。

2 相关工作

2.1 数据分割

目前常见的数据分割方式主要有：水平分割、垂直分割以及混合分割。范园利等将密钥分解理论引入数据分割提出了文件安全分割算法[10]，将n、k（$n/2<k<n$）原则应用到数据分块中，即将数据分为n块，只要得到k块数据就能拼接出完整的数据，子文件的格式如图1所示。算法流程如下：

（1）输入待分割文件。

（2）输入分割参数n、k，计算$key_length=C(n, k-1)$，计算$subkey_length=C(n-1, m-1)$。

（3）以$subkey_length$长为单位将文件分为$block_num$块，不足部分记为$excess$字节。

（4）创建n个空子文件，分别将参数n，k，$block\_num$，$excess$以及相应子密钥填入n个子文件的文件头，依次处理，完成分块。

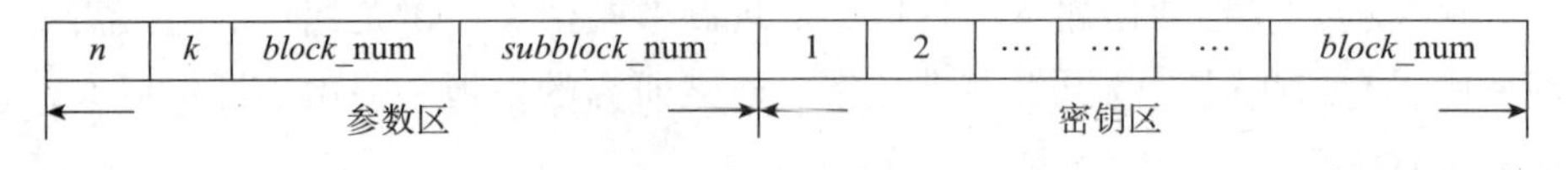

图1 子文件格式

2.2 数据加密

2.2.1 CP-ABE算法

CP-ABE（Ciphertext-policy attribute-based encryption）算法由Bethencourt等人提出[11]，特点是定义了访问属性集合，仅当满足对应属性集合才能对数据进行访问。具体为假设属性集合$A=\{A_1, A_2, A_3, \cdots\cdots, A_n\}$包含了所有属性，用户属性集合$P$为$A$的一个非空子集，$P\in A$，对于具有$n$个属性的集合$A$，可以有$2^n$个用户进行访问。访问结构$\{A_1, A_2, \cdots, A_n\}/\{\Phi\}$。$T$作为判断条件，位于$T$中的属于授权集合，不在$T$中的属于非授权集合，从而用来授权用户访问。算法步骤如下：

（1）Setup。生成主密钥MK和公开参数PK。

（2）CT=Encrypt（PK，M，T）。使用PK、访问结构T加密数据明文M生成密文CT。

（3）SK=KeyGen（MK，P）。使用MK和用户属性集P生成私钥SK。

（4）M=Decrypt（CT，SK）。使用私钥SK解密CT得到明文M。

2.2.2 异或加密算法

设明文为M，密钥为H，密文CM。加解密过程如下所示：

（1）加密过程：CM = M ⊕ H。

（2）解密过程：M = H ⊕ CM。

异或加密方式的优点在于具有可逆性，方式简单。对于隐私敏感度不高的数据，以数据块 HASH 值作为密钥进行异或方式加密能满足安全要求。

2.3　Market Hash Tree

Ralph Merkle 在 1987 年提出了 Market Hash Tree 用来高效完成数据块的完整性校验[12]。校验通过比对 HASH 值的方式来实现，为了实现 HASH 值的高效存取，设计了一种 Merkle Hash Tree 的方式来对 HASH 值进行存储。如图 2 所示。数据结构为二叉树或多叉树，假设有数据块 $\{A, B, C, D, E, \cdots, H\}$，叶子节点存储数据块的 HASH 值，非叶子节点存储其下所有叶子节点的 HASH 值，检索某一点 HASH 值时，从根节点出发逐级进行比对，比对成功则返回路径信息，获取相应 HASH 值。

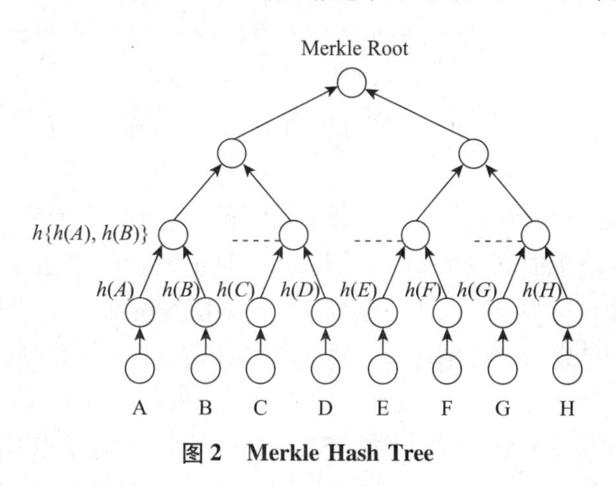

图 2　Merkle Hash Tree

3　基于数据分割的混合云存储隐私保护策略

3.1　定义

首先，我们定义了一些数据来记录数据信息以备对数据进行处理时使用，如下所示：

- ASD：属性的敏感强度。
- T：阈值信息，当属性敏感强度高于阈值时，归类为敏感属性，当属性敏感强度低于阈值时，归类为非敏感属性。
- SAS：敏感属性集合，属性敏感度高于阈值的属性集合。
- USAS：非敏感属性集合，属性敏感度低于阈值的属性集合。
- Length：母块度量值，数据进行二级分割时，记录母块的度量值。
- Sub_block_length：子块度量值，数据进行二级分割后，记录子块的度量值。

这里，属性的敏感强度 ASD 与阈值信息 T 由用户指定提交给系统，这样使数据所有者控制隐私保护的强度，Length 与 Sub_block_length 根据计算得出。

3.2 混合云存储隐私保护方案设计

基于前文的基础，我们提出了基于数据分割的混合云存储隐私保护方案，整体框图如图 3 所示。以病人在线查看医疗信息为例，病人所有数据信息都处于所属医生管理之下，医生此时作为数据拥有者，病人作为数据使用者。病人对首先需要对数据属性进行 *ASD* 评价，提交结果给所属医生，所属医生设定一个 *T* 阈值作为数据一级划分 *SAS* 与 *USAS* 的依据。当数据上传成功后，所属医生给予病人认证口令与密钥来对数据进行在线查询。上传数据流程为：

（1）将各属性 *ASD* 值与 *T* 值进行对比，若 $ASD > T$ 则判定为属于 *SAS*，若 $ASD < T$ 则判定为属于 *USAS*。

（2）采用垂直分割的方式对数据进行一级分割。一级数据分割机制如图 4 所示。

（3）散落属性块根据 *SAS* 与 *USAS* 标记进行组合。

（4）分别根据 *SAS* 与 *USAS* 所剩属性，设定合理基于密钥分解算法的 n、k 值大小。

（5）计算 $C(n, k-1)$ 作为对应母块的 length，计算 $C(n-1, k-1)$ 作为子块的 sub_block_length。

（6）将母块按照 length 进行空间划分，从 1 到 length 进行标记。

（7）随机从母块中抽取 sub_block_length 度量值的空间组合为子块，共形成 n 个子块。我们取 n 为 5、k 为 3，二级数据分割机制如图 5 所示。

（8）二级分割结束后，分别计算子块的 HASH 值，形成我们所定义的 Merkle Hash Tree，如图 6 所示。

（9）对于带有 SAS 标记的数据块执行 CP_ABE 算法，其中以 HASH 值作为算法主密钥，加密上传到企业私有云中。对于带有 USAS 标记的数据块执行异或加密算法，以 HASH 值作为算法密钥，加密上传到混合公共云中。

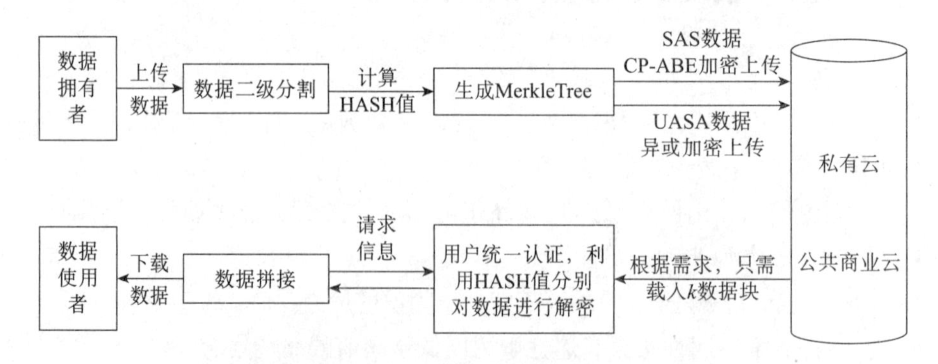

图 3 基于数据分割的混合云存储隐私保护方案

下载数据流程为：

（1）服务器对用户进行验证。

（2）根据查询请求，返回对应加密数据块，根据密钥分解理论这里只返回 k 个数据块即可。

（3）通过遍历 Merkle Hash Tree 返回 HASH 值。

（4）解密数据，对数据进行拼接，完成整体数据，返回给用户。

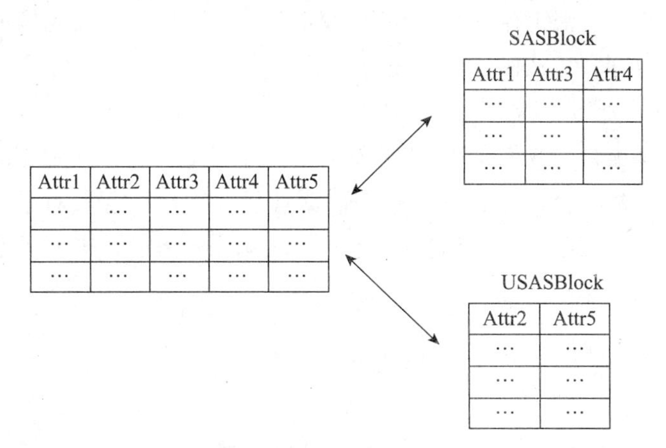

图 4　数据一级分割机制

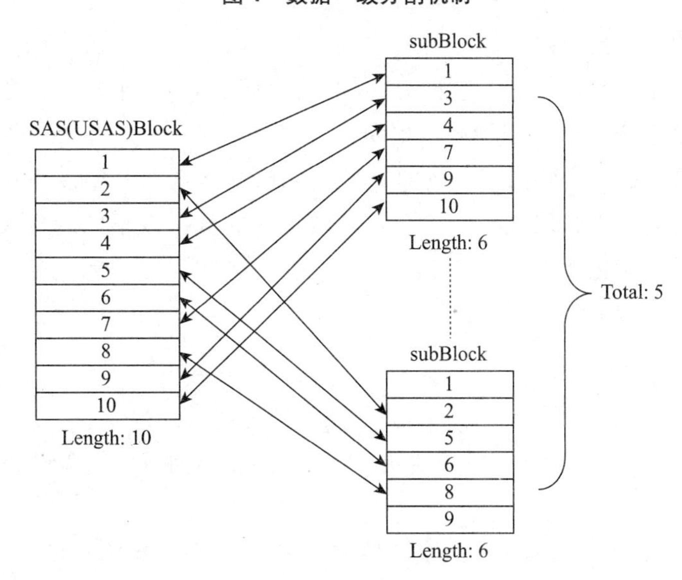

图 5　数据二级分割机制

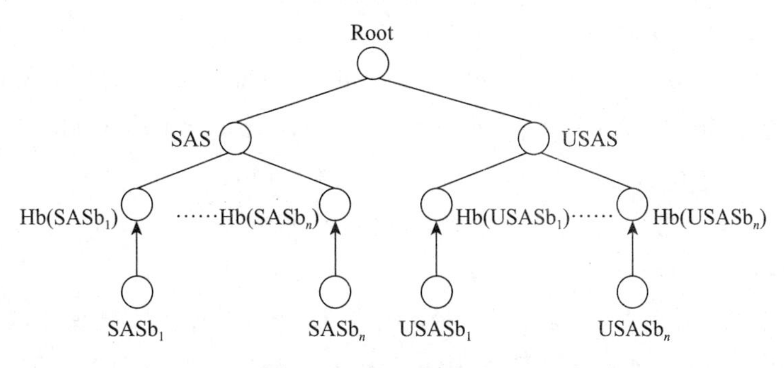

图 6　Merkle Hash Tree

3.3 方案分析

3.3.1 方案效率分析

执行数据先分割后加密的过程，比单纯对数据直接加密上传，执行效率会有很大的提升。HASH 值作为密钥存储在 Merkle Hash Tree，可以借助其高效的查询与管理来实现对密钥的高效管理，从而进一步提高效率。

3.3.2 方案安全性分析

对于敏感数据集合，我们采用 CP－ABE 的加密策略，可以将数据块内属性作为授权集合，从而使不知晓属性内容的私有云数据管理者无权访问。对于非敏感属性，存储在混合商业云中，在不具备数据块异或密钥的情况下，也无法完成数据块的检索与查询。

4 结束语

云存储的广泛应用在给用户带来方便的同时，也带来了诸多隐私问题。如何有效地保障用户的隐私不被泄露又不影响用户的使用，成为了亟待解决的问题。本文立足于前人研究的基础，提出了基于数据分割的云存储隐私保护策略，将数据先分割为敏感与非敏感属性集合，再分割为小数据块，实现分成了 n 块，只要获取 k（$n/2k<n$）块数据就能实现数据的完整拼接。以 HASH 值来验证数据的完整性，并且 HASH 值作为加密的密钥提高了其利用效率。对于不同敏感度的数据以不同的方式进行加密，提高了加密效率，同时也能满足用户隐私性的需求。但数据块的标识符生成算法以及高效的密文检索还有待下一步的研究。

参考文献

[1] 陈康，郑纬民．云计算：系统实例与研究现状．软件学报，2009，20（5）：1337－1348.

[2] 李晖，孙文海，李凤华等．公共云存储服务数据安全及隐私保护技术综述［J］．计算机研究与发展，2014，51（7）：223－229. DOI：doi：10.7544/issn1000－1239.2014.20140115.

[3] Hrestak D, Picek S. Homomorphic encryption in the cloud［C］// Information and Communication Technology, Electronics and Microelectronics（MIPRO）, 2014 37th International Convention onIEEE, 2014：1400－1404.

[4] 罗象宏，舒继武．存储系统中的纠删码研究综述［J］．计算机研究与发展，2012，49：1－11.

[5] 谭霜，贾焰，韩伟红．云存储中的数据完整性证明研究及进展［J］．计算机学报，2015，38：164－177. DOI：doi：10.3724/SP.J.1016.2015.00164.

[6] 张浩，赵磊，冯博等．CACDP：适用于云存储动态策略的密文访问控制方法［J］．计算机研究与发展，2014，51（7）：1424－1435．DOI：doi：10.7544/issn1000－1239.2014.20131673.

[7] 徐小龙，周静岚，杨庚．一种基于数据分割与分级的云存储数据隐私保护机制［J］．计算机科学，2013，40（2）：98－102．DOI：doi：10.3969/j.issn.1002－137X.2013.02.022.

[8] Ren P, Liu W, Sun D. Partition－based data cube storage and parallel queries for cloud computing［C］//Natural Computation（ICNC），2013 Ninth International Conference on. IEEE, 2013：1183－1187.

[9] Chen L, Zhou S, Huang X, et al. Data dynamics for remote data possession checking in cloud storage［J］. Computers & Electrical Engineering, 2013, 39（7）：2413－2424.

[10] 范园利，焦占亚．基于密钥分解理论的文件安全分割算法［J］．计算机工程与设计，2008，29：315－317.

[11] Bethencourt J, Sahai A, Waters B. Ciphertext－policy attribute－based encryption［C］//Security and Privacy, 2007. SP07. IEEE Symposium on. IEEE, 2007：321－334.

[12] Merkle R C. A Digital Signature Based on a Conventional Encryption Function.［J］. Advances in Cryptology － Crypto, 1987, 293（1）：369－378.

基于 SDN/NFV 技术的物联网安全架构

黄鑫　范通让

（石家庄铁道大学信息科学与技术学院，河北石家庄市 050043）

A Internet - of - Things security architecture based on SDN/NFV technology

Huang Xin, Fan Tongrang

(School of Information Science and Technology, Shijiazhuang Tiedao University, Shijiazhuang 050043, China)

【摘要】物联网自提出以来，一直受到各国政府、企业以及科学机构的高度重视。随着相关研究的不断进展，安全性问题已成为了物联网研究中亟待解决的关键问题。建立一个合理健康的物联网安全架构，不仅关系到物联网的进一步发展，更直接关系到物联网能否真正的落实应用。物联网节点受电源能量、计算能力和存储空间的限制，导致传统的安全方案无法直接部署到物联网环境中。从更宽泛的层面讲，传统的网络架构在可控性、扩展性与安全性上已经无法满足物联网日益增长的发展需求，一个革新的、可控的网络架构亟待寻求。本文在这样的背景下提出了一个基于 SDN/NFV 架构的入侵检测模型以及一个分布式的物联网管控模型。

【关键词】SDN　NFV　物联网　入侵检测　安全架构

【Abstract】 Since the Internet of things is put forward, it is highly valued by Governments, enterprises and scientific institutions. With the continuous progress of related research, security problem has become the key problems to be solved in the study on the Internet of things. To establish a reasonable and healthy Internet security architecture, not only relates to the further development of the Internet of things, more directly related to the Internet of things can truly implement the application. Iot node power supply energy, computing power and storage space is limited, due to the traditional safety plan cannot be directly deployed on the Internet of things environment. From a broader level, the traditional network architecture in controllability, extensibility and security has been unable to meet the increasing the development of the Internet of things on demand. An innovative, controllable network architecture to be sought. In this context, we put forward a model of intrusion detection based on SDN/NFV architecture and a iot of distributed control model.

【Keywords】 SDN　NFV　Internet - of - Things　Intrusion Detection　Security Architecture

作为信息领域的一大变革和发展机遇，IoT（Internet of things，物联网）自提出以来一直受到各国政府、学者以及相关企业的关注和支持。伴随着认知的提高，物联网的概念也从最初“基于 RFID（无线射频识别）系统的智能化识别和管理”发展到了一个新的高度，即实现“任何时间、任何地点下的万物互联”[1]。尽管物联网战略部署在全球如火如荼的进行着，但其给人的印象似乎依旧停留在“概念”阶段。究其原因，除了物联网特有的技术性难题外，其内在的基础特点，如异构性、海量性、移动性，也是造成这一现状的根源所在。传统的网络架构在可控性、扩展性和安全性等方面已无法满足物联网日益增长的发展需求[2]。SDN（Software defined network，软件定义网络）和 NFV（Network function virtualization，网络虚拟化）技术的出现为打破这一瓶颈提供了有效的解决方案。SDN 是一种新型的网络架构，它的设计理念是将网络的控制平面与数据转发平面相分离，从而通过集中的控制器软件平台动态可编程地控制底层硬件，实现对网络资源灵活的按需调配[3]。NFV 的目标是通过基于行业标准的服务器、存储和网络设备等，取代私有的、专用的网元设备，从而实现软件与硬件的解耦[4]。可以预见，这两项技术势必为物联网的发展带来变革性的影响。

1　SDN 概述

1.1　概念

SDN 最初由美国 Stanford University 和加州大学伯克利分校 Clean Slate 联合提出，它是一种完全不同于传统网络的网络架构[5]。SDN 的核心理念之一就是将控制层从网络设备中分离出来，通过中央控制器实现网络可编程，从而实现资源的优化利用，提高网络管控效率。在 SDN 网络中，网络设备只负责单纯的数据转发，可以采用通用的硬件；而原来负责控制的操作系统将分离出来，形成独立的网络操作系统。它负责对不同业务特性进行适配，而且网络操作系统和业务特性以及硬件设备之间的通信都可以通过编程实现。与传统网络相比，SDN 具有以下三点特征：

（1）控制与转发分离：转发平面由受控转发的硬件设备构成，转发策略以及业务逻辑由运行在分离出去的控制层面上的应用来控制。

（2）控制层向应用层开放 API：SDN 为控制平面提供开放可编程接口。通过这种方式，控制应用只需关注自身逻辑，而无须关注底层的实现细节。

（3）控制层逻辑集中控制：逻辑上集中的控制平面可以控制多个转发设备，也就是控制整个物理网络，因而可获得全局网络视图，并根据该全局网络状态视图实现对网络的优化控制。

1.2　ONF 的 SDN 架构

ONF 是一家非营利的组织机构，成立于 2011 年。ONF 致力于 SDN 的发展和标准化，是当前业界最活跃、规模最大的 SDN 标准组织。ONF 提出的 SDN 架构如图 1

所示[6]。

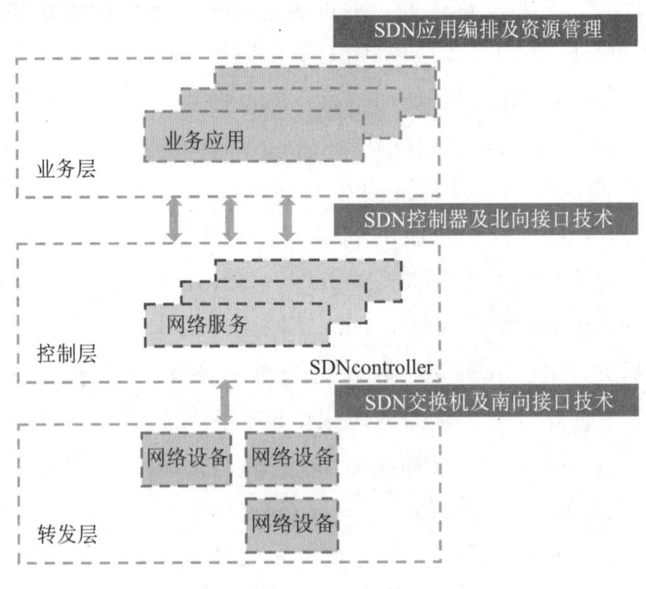

图1 SDN架构

可以看到，典型SDN架构分为三层：最上层为应用层，包括各种不同的业务和应用；中间的控制层主要负责处理数据平面资源的编排，维护网络拓扑、状态信息等；最下层的基础设施层负责数据处理、转发和状态收集。SDN本质上具有“控制和转发分离”、“设备资源虚拟化”和“通用硬件及软件可编程”三大特性，这也便带来了三大优势：

（1）设备硬件归一化。硬件只关注转发和存储能力，与业务特性解耦，可以采用相对廉价的商用的架构来实现。

（2）网络的智能性全部由软件实现。网络设备的种类及功能由软件配置而定，对网络的操作控制和运行由服务器作为网络操作系统（NOS）来完成。

（3）对业务响应相对更快。可定制各种网络参数，如路由、安全、策略、QoS、流量工程等，并实时配置到网络中，开通具体业务的时间将缩短。

除了上述三个层次之外，控制层与转发层之间的接口以及应用层与控制层之间的接口也是SDN架构中的两个重要组成部分。按照接口与控制层的位置关系，前者通常被称作南向接口，后者则被称作北向接口。南向接口是转发设备与控制器进行传输的信息通道，相关的设备状态、数据流表项和控制指令都需要经由SDN的南向接口传达，实现对设备管控。北向接口是通过控制器向上层业务应用开放的接口，目的是使得业务应用能够便利地调用底层的网络资源和能力，使其直接为业务应用服务。其设计需要密切联系业务实际需求，具有多样化的特征[7]。

2　NFV 概述

网络功能虚拟化（NFV）技术是为解决现有专用通信设备的不足而产生的[8]。通讯业为了追求设备的高性能与高可靠性，往往采用软件和硬件结合的专用设备来构建网络，比如专用的路由器、CDN、DPI、防火墙等。这种架构的特点即专用硬件加专用软件。专用通信设备在带来高性能与高可靠性的同时，也带来了一些问题。网元是软硬件垂直一体化的封闭架构，其业务开发周期长、技术创新难、扩展受限、管理复杂，一旦部署，后续升级改造就严格受制于设备制造商。若能打开软硬件垂直一体化的封闭架构，用通用工业化标准的硬件和专用软件来重构网络设备，就可以极大地缓解上述现象。为此，NFV 技术应运而生。

NFV 借鉴了 IT 设备的设计理念。以常用的 X86 架构的 PC 为例，其硬件由统一到工业化标准的 CPU、主板、内存、硬盘等组成，统一到工业化标准意味着 PC 在保证质量的前提下硬件成本可以降低到最低。PC 的软件和硬件是解耦的，PC 上运行不同的软件，就可以具备不用的功能，完成不同的任务。同理，运营商认为通信设备的硬件，也可由统一到工业化标准的服务器、交换机和存储平台三种设备组成（或者是这三种设备的组合来组成）。由于统一到了工业化标准，这意味着通信设备可以在保证质量的前提下将硬件成本降低到最低，同时，通用硬件保证软件可以在统一的平台开发，实现硬件与软件的解耦。NFV 将网络功能软件化，使其能够运行在标准服务器的虚拟化软件上，通用的硬件设备装载何种软件，则该设备就具有了何种功能。由此带来的好处是主要有两个：一是标准设备成本低廉，能够节省巨大的投资成本；二是开放 API 接口，能够获得更灵活的网络能力。

NFV 集合了三大技术[9]：其一是服务器虚拟化托管网络服务虚拟设备，尽可能高效地实现网络服务的高性能；其二是 SDN 对网络流量转发进行编程控制，以所需的可用性和可扩展性等属性无缝交付网络服务；其三是云管理技术可配置网络服务虚拟设备，并通过操控 SDN 来编排与这些设备的连接，从而通过操控服务本身实现网络服务的功能。

3　基于 SDN/NFV 架构的物联网安全改进

在安全性问题成为物联网网络管理最重要的问题这样的一个背景下，软件定义网络和网络功能虚拟化等技术的出现为应对相关挑战提供了无限可能。物联网一般由大量无人值守的传感器节点组成，传统的入侵检测系统难以适应物联网中传感器节点电源能量受限、计算能力有限、存储空间有限等制约，故对其进行轻量级改造和重构是在物联网背景下为实现入侵检测提出的一种必然选择[10]。

3.1 基于SDN的入侵检测方案

传统的入侵检测方案往往只能在簇头节点中部署轻量级的入侵检测方案，如果簇头节点无法完成有效的检测则需要将信息转交给汇聚节点或者后台性能更强大的PC端。普通节点、簇头、汇聚节点如何选择处理方式还要取决于阈值的设定，阈值的设定问题也是传统入侵检测的一个难点，因为在实际应用中不可能准确地设定一个既能避免误检又能很好地检测网络所受威胁的精确值，阈值的选择基本上是人为选择的误检率与漏检率的一个平衡点[11]。为此，我们引入了一个基于SDN架构的入侵检测方案，该方案的核心思想是设置两层入侵检测体系，一层由中心节点实施入侵检测来完成，其中，中心节点可以看作是SDN架构中的Openflow交换机。另一层由主节点实施控制分析来完成，其中，主节点可以看作是SDN架构中的控制器。中心节点的功能是对收集来的数据进行加工处理，分析有无入侵行为。这样就需要一个由入侵特征库组成的决策库，它用来检测是否有入侵行为发生。入侵检测模块包括数据收集模块、数据分析模块、中心决策模块等若干子模块。其中中心决策模块是入侵检测的核心，其他子模块把处理好的信息发送到中心决策模块，然后由中心决策模块对所有的信息进行汇总，继而对入侵行为做出响应。主节点在整个入侵检测系统中担任逻辑管控中心的角色，主节点控制分析模块类似于SDN中的控制器，对用户提供API，因此具有极强的可编程性与可扩展性，使用者可以根据网络情况和实际需求部署特定的检测规则和检测算法。系统的整体架构如图2所示。

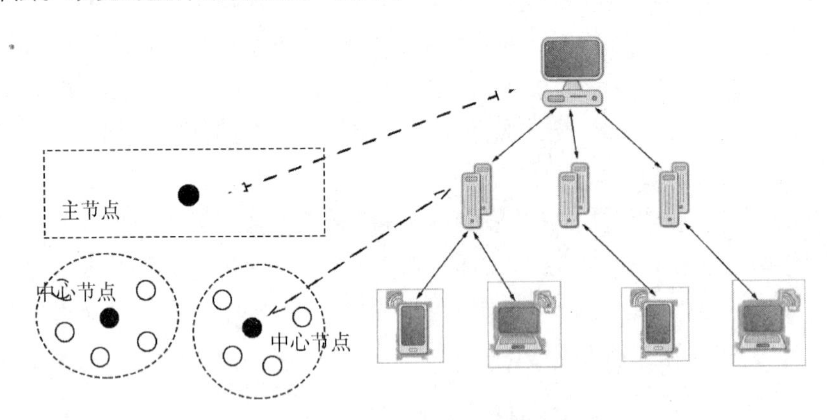

图2 基于SDN的入侵检测架构

可以看到，在此架构下的入侵检测模型具有多重检测处理机制，并且灵活性高，可扩展性强，符合物联网环境特有的限制与要求。一旦网络受到大规模入侵攻击时，系统可通过协同检测、动态地改变网络拓扑结构等方式来将威胁降至最低。

3.2 基于SDN的分布式控制模型

传统的安全方案，如防火墙、防护系统和入侵检测等都是部署在网络边缘上用来抵御网络外部的攻击。在网络接入控制和软件认证方面，无边界的物联网架构已经受到了格外关注。在自组网物联网中不存在简单的解决方案来控制每个节点之间的交流。

SDN 作为一个新的网络架构，为高效而灵活地保护网络提供了可能。在 SDN 架构中，网络设备不再转发决策，取而代之的是网络设备和一个特殊的被称之为 SDN 控制器的节点交流，以便为它们提供适当的转发决策。与这个控制器进行交流的网络设备可以采用不同的协议，其中使用最多的是 Openflow 协议[12]。Openflow 协议为 SDN 控制器定义了控制信息使之能够与网络设备进行安全连接，读取他们的当前信息并预置转发指令。转发协议为了适应不同的网络变化可以动态的改变。在与 Openflow 交换机建立了连接后，SDN 控制器便可以通过 Openflow 协议获取的信息建立一个全局网络视图。SDN 最重要的特征就是可以将安全范围扩展到终端设备节点上，通过 Openflow 协议部署安全策略[13]。

为了确保可扩展性和容错率，我们设置了一个多控制器的分布式 SDN 架构，并允许动态加载新的控制器到网络中，新加入的控制器可共享全局网路视图。我们设计此架构只包含两种节点，即具有 SDN 功能的节点，以及不具有 SDN 功能的节点——传感器节点或者智能终端等。假定整个物联网由若干个 SDN 域组成，其中每个域都包含有一个或者多个 SDN 控制器，在这些控制器中有一个边界控制器用来与域外建立连接，交换信息。在这个体系结构中，每一个域都可以拥有一个独立的安全策略。当一个节点需要与其他域的节点交流时，这个流会转发到目的域安全的边缘控制器上，这样可以保证在一个安全周边支持更细粒度的控制网络访问和网络端点的连续监测。系统架构如图 3 所示。

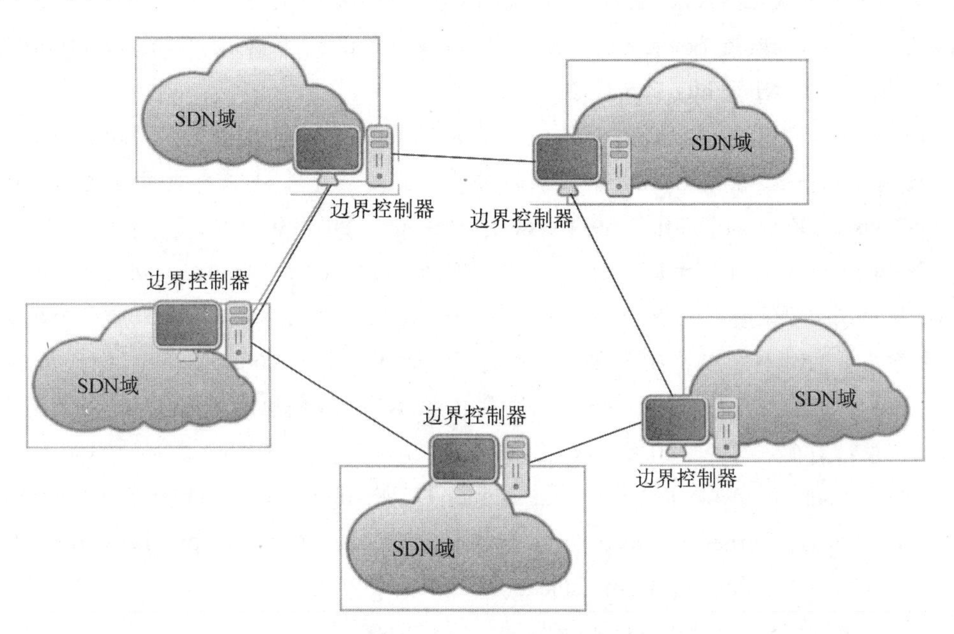

图 3　基于 SDN 的分布式控制模型

4 结 语

与传统入侵检测系统不同，基于SDN架构的新入侵检测系统借助控制与转发相分离的思想，实现了高灵活度与高可靠性的入侵检测，更好地适应了物联网节点能量有限、计算能力有限等特点。除此安全方案外，我们还提出了一个分布式控制模型，将安全范围扩展到了每一个终端节点上，实现了更细粒度的访问控制。

参考文献

[1] 孙其博，刘杰，黎彝等．物联网：概念、架构与关键技术研究综述［J］．北京邮电大学学报，2010，33（3）：1－9. DOI：doi：10.3969/j.issn.1007－5321.2010.03.001.

[2] 查勇．基于SDN的网络架构在物联网应用中的优势分析与研究［J］．电子技术与软件工程，2015：9－10.

[3] 左青云，陈鸣，赵广松等．基于OpenFlow的SDN技术研究［J］．软件学报，2013：1078－1097.

[4] 孙金霞，孙红芳，韦芳．关于NFV与SDN的基本概念及应用思考［J］．电信工程技术与标准化，2014：1－5. DOI：doi：10.3969/j.issn.1008－5599.2014.08.001.

[5] 斯坦福大学Clean Slate项目网站．http：//cleanslate.stanford.edu/.

[6] Open Networking Foundation. Software－Defined networking：The new norm for networks. ONF White Paper，2012.

[7] ONF SDN架构定义．http：//book.51cto.com/art/201310/412685.htm.

[8] 赵河，华一强，郭晓琳．NFV技术的进展和应用场景［J］．邮电设计技术，2014：62－67. DOI：doi：10.3969/j.issn.1007－3043.2014.06.019.

[9] Network Function Virtualization，网络功能虚拟化．http：//nfv.cnw.com.cn/.

[10] 胡向东，贾子漠．一种面向物联网的轻量级入侵检测方法［J］．重庆邮电大学学报：自然科学版，2015. DOI：doi：10.3979/j.issn.1673－825X.2015.02.021.

[11] 张勇，姬生生，王闳毅．基于SDN架构的WSN入侵检测技术［J］．河南大学学报：自然科学版，2015，45：211－216.

[12] Mckeown N，Anderson T，Balakrishnan H，Parulkar G，Peterson L，Rexford J，Shenker S，Turner J. OpenFlow：Enabling innovation in campus networks. ACM SIGCOMM Computer Communication Review，2008，38（2）：69－74.［doi：10.1145/1355734.1355746］.

[13] Nunes B，Santos M，de Oliveira B，Margi C，Obraczka K，Turletti T. Software defined networking enabled capacity sharing in user－centric network. IEEE Communications Magazine. vol. 52，2014. p. 28－36.

基于微博标签和微博内容的用户兴趣模型

彭晔 张翠肖

（石家庄铁道大学信息科学与技术学院，河北石家庄市 050043）

User Interest Model based on Micro Blog Tags and Micro Blog Content

Peng Ye, Zhang Cuixiao

(School of Information Science and Technology, Shijiazhuang Tiedao University, Shijiazhuang 050043, China)

【摘要】为了缓解微博信息过载对用户兴趣检索造成的困扰，本文提出了一种基于微博标签和微博内容相结合的方式来挖掘用户兴趣。该模型以新浪微博为数据源，通过新浪微博提供的 API 接口获取微博用户基本信息和微博内容。通过统计分析用户标签及其关注者的标签信息，提取关键词作为当前用户标签；对微博内容，进行文本聚类，获取关键词，最后将两者相结合，构成用户的兴趣模型。

【关键词】微博 用户兴趣 标签 内容

【Abstract】 In order to alleviate the problem that the information overload of the micro blog is caused by the user's interest retrieval, this paper proposes a method based on the combination of micro blog tags and micro blog content to mine user's interest. The model is based on Sina Weibo as a data source, through the API interface provided by Sina Weibo to obtain basic information and micro blog content. Through statistical analysis of the user's tags and their tag information, extract keywords as the current user tags; for the micro blog content, do some text clustering, then obtain the key words, finally the two combined to constitute the user's interest model.

【Keys】 Micro Blog User Interest Tag Content

随着 Web2.0 技术的发展，微博作为当前大型社会服务平台，其简洁性、快捷性吸引了大量网络用户的参与，成为信息发布和获取的平台。面对微博上的海量信息，人们更多地想要高效快速地找到并跟踪自己感兴趣的信息；而与此同时，网络发展的巨大商机，也促使商家在努力寻找一种高效的方法发现目标用户群体，以准确及时地将其产品等信息推送给感兴趣的用户。因此挖掘微博用户兴趣，逐渐成为微博研究的热点问题。本文通过分析用户标签信息和用户行为及微博内容的特点，根据新浪微博中提供的兴趣标签，建立了一个标签标准库，将从微博标签和微博内容中提取的关键词和标准库进行匹配，根据匹配结果将用户的标签进行标准分类，最后通过统计用户标准标签中词频，来构建基于微博标签和内容的用户兴趣模型，以更好地呈现用户兴趣。

1 微博标签与用户行为分析

1.1 微博标签分析

在微博服务中，微博用户通常根据其职业、兴趣爱好等因素定义一些关键词，新浪微博对用户标签的定义是："添加描述自己职业、兴趣爱好等方面的词语，让更多的人找到你，让你找到更多同类"[1]。新浪微博在进行用户注册的时候，会引导用户进行标签填写，系统会向用户提供一些使用频率高的标签供用户选择，如音乐、电影、美食等，同时用户也可以填入一些代表个性特征的词语作为自己的个性化的标签，如汽车发烧友等，还有一些表征用户从事职业或领域的标签词。用户标签是用户自己主动填写的展现自己特征的内容，因此是用户兴趣最直观的体现，对于用户兴趣的研究有很大的参考意义。

在新浪微博中用户的标签的填写短小且灵活性大，填写内容上没有严格的统一性。因此在对微博标签进行分类研究时，需要对其进行预处理。

1.2 微博用户行为分析

在微博中，用户的主要行为有发布微博，转发微博，收藏微博，发布（回复）微博评论、关注感兴趣的用户等用户主动行为；同时自己也会成为其他用户的关注者，即出现自己的粉丝，这属于用户的被动行为。用户主动参与的行为，更大程度上反应了用户的兴趣爱好，而对于用户粉丝而言，是属于用户的被动行为，其代表性没有主动行为更能体现用户的特征。因此在本文对微博用户兴趣的研究中，主要是基于对微博用户中存在的主动行为的用户关系中的信息进行研究，进而提高用户兴趣提取的准确性。

2 相关研究

用户兴趣发现是近些年来提及较多的个性化概念，用户兴趣发现就是通过获取用户多方面的数据，来分析用户兴趣，为其推荐感兴趣的信息。关于用户兴趣发现方面的研究，国内外学者已做了大量的工作。随着社交网络的日益发展，微博平台下的用户兴趣发现，逐渐引起许多学者的研究兴趣。如徐彬等人[2]面向微博用户标签推荐的关系主题模型中，在用户标签标注不足的情况下，在传统LDA模型的基础上引入了用户的好友关系，来构建基于标签的用户兴趣模型，但是该用微博用户关注行为和用户个性化标签考虑不周。康海潇[3]基于用户标签和微博词语之间的关系，提出了一种基于加权二分图的微博用户兴趣挖掘方法，来构建用户兴趣模型。高哲等人[4]主要基于微博内容来挖掘用户兴趣，通过组建用户兴趣爱好词典，分析微博内容来获取用户各种爱好的兴趣度。

3　基于微博标签和微博内容的用户兴趣模型

通过对微博用户标签和用户内容及其行为特点的分析与研究，本文建立了基于用户微博标签和微博内容的用户兴趣模型。首先通过提取微博标签和内容的关键词，然后将提取到的关键词和预先建立的标签标准库进行相似度计算，确定用户的兴趣类别，最后建立用户的兴趣模型。

3.1　微博数据的获取

本文数据的采集主要选取微博中的认证用户数据。认证用户是经过微博官方认证的，具有一定的权威性。同时就标签方面而言，认证用户的标签填写比例比普通用户要大。据邢千里等的《微博中用户的标签研究》一文中分析，新浪微博官方认证的用户（加 V 用户），明显比没有认证信息的用户倾向于添加更多的标签。对微博内容来说，加 V 用户的微博信息导向更具明显性。根据二八原则，对于网络上发布的信息，80% 的内容是由 20% 的用户创造的。据新浪微博 2011 年的数据统计，名人和人气内容类微博只占全部用户的 0.1%，而且这些用户的粉丝覆盖范围广。因此，微博认证用户的微博内容较普通用户的参考价值更大。

数据的采集是通过新浪微博提供的开放 API 接口抓取，通过开放接口获取用户的基本信息其中包括标签信息，关注者信息，微博内容信息，对于没有获取到标签的用户，通过其关注者来提取标签信息。

3.2　建立兴趣类别标准库

通过对微博特点的分析，系统推荐的标签规范且有代表性，而用户个人填写的标签比较随意；同时就微博内容而言，微博内容简短且较口语化。因此在对微博标签和内容进行统计分析，提取兴趣关键词时，容易产生数据稀疏问题，对用户兴趣的提取结果有一定的影响。因此对于用户兴趣关键词的不一致问题，本文采用建立兴趣关键词标准库的形式，将提取到的标签和关键词标准化，便于用户兴趣模型的建立。

在新浪微博中有一个标签地图，如图 1 所示，展现了部分兴趣分类及其包含的相似词语，因此本文借助这一标签地图，来构建建立标签标准库，将微博中的 19 种分类，例如，电影、音乐、体育竞技、美食等作为本文用户的兴趣分类。通过建立用户标准库，将获取到的用户兴趣关键词和标准库中的兴趣分类进行相似度计算，从而确定用户的兴趣分类。

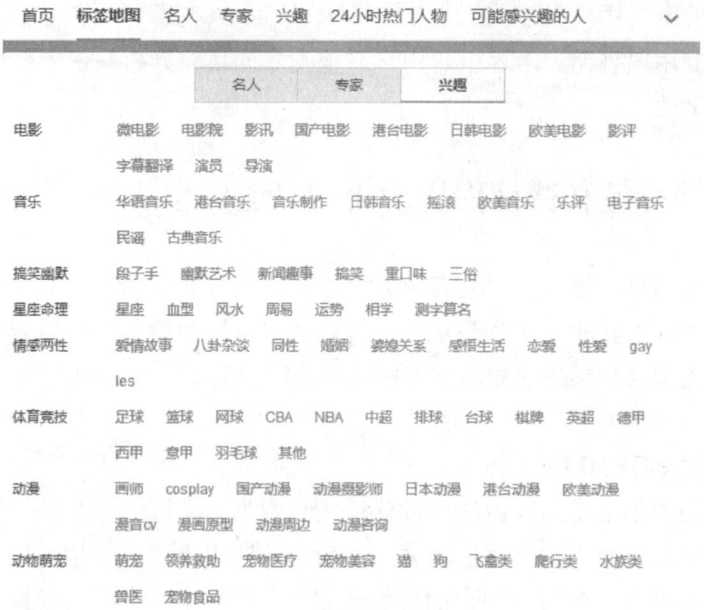

首页 标签地图 名人 专家 兴趣 24小时热门人物 可能感兴趣的人

名人 专家 兴趣

电影 微电影 电影院 影讯 国产电影 港台电影 日韩电影 欧美电影 影评 字幕翻译 演员 导演
音乐 华语音乐 港台音乐 音乐制作 日韩音乐 摇滚 欧美音乐 乐评 电子音乐 民谣 古典音乐
搞笑幽默 段子手 幽默艺术 新闻趣事 搞笑 重口味 三俗
星座命理 星座 血型 风水 周易 运势 相学 测字算名
情感两性 爱情故事 八卦杂谈 同性 婚姻 婆媳关系 感悟生活 恋爱 性爱 gay les
体育竞技 足球 篮球 网球 CBA NBA 中超 排球 台球 棋牌 英超 德甲 西甲 意甲 羽毛球 其他
动漫 画师 cosplay 国产动漫 动漫摄影师 日本动漫 港台动漫 欧美动漫 漫音cv 漫画原型 动漫周边 动漫咨询
动物萌宠 萌宠 领养救助 宠物医疗 宠物美容 猫 狗 飞禽类 爬行类 水族类 兽医 宠物食品

图1 标签地图

3.3 微博标签处理

对于填写了用户标签的用户，将其定义的标签作为用户标签。用户主动填写的标签，对用户兴趣必有较强的代表性。通过对标签特点的分析，微博标签一般会存在填写不规范的问题，所以先对获取的标签进行预处理工作，过滤掉其中包含的特殊符号、表情符号、数字等，将预处理后的微博标签和建立的标准库进行相似度计算，相似度的计算参考刘群[5]的基于知网的词汇予以相似度计算方法。通过相似性比较，选取与兴趣分类相似度最大的用户标签，将该用户标签映射到该兴趣分类下。统计用户兴趣的词频，词频指同一兴趣分类在用户标签中出现的次数和用户标签的标签数。同时考虑到了用户标签位置的影响，根据邢千里等[1]对微博标签的分析，位置靠前的标签比位置靠后的标签更能描述用户的兴趣特征，因此将用户的兴趣分类，根据其位置关系，赋予一定的权值 $U_{1i} = \{W_1, W_2, \cdots\}$，标签兴趣分类位置越靠前其权值也分配的越大，词频和用户位置的权值相乘作为用户该兴趣分类的权值。

对于没有填写标签的用户，根据用户与关注者的关系，通过统计用户关注者的标签信息来表示该用户的标签。将获取到的用户关注者标签集合进行预处理工作，去除其中包含的特殊符号、字母、数字等，使标签统一化，然后将处理后的用户关注者标签集合，根据词语出现的次数和总的词数进行词频频统计、排序，根据设定阈值，选取阈值内的关键词作为用户标签，同时将确定的用户标签和建立的标准库中的兴趣分类词做相似度计算，通过相似性比较，选取与兴趣分类相似度最大的用户标签，将该用户标签映射到该兴趣分类下，确定用户兴趣分类，同时将其相似度值做为用户标签的权重，$U_{2i} = \{W_1, W_2, \cdots\}$。

3.4　微博内容处理

由于单条微博的内容简短，通过单条微博提取用户兴趣关键词，有时提取到的内容和兴趣分类可能偏差性较大，因此本文先将用户的微博短文本拼接成一个长文本后再进行微博内容兴趣关键词的提取。

对形成的微博文档预处理：过滤掉微博中的图片，表情等信息；去除特殊符号如@、//、#等；

（1）将预处理完后的微博文档进行分词、过滤停用词等处理，分词系统选用中科院的 ICTCLAS。

（2）在经分词处理后的微博文档中，进行特征项提取。在提取用户关键词时采用 TF - IDF 算法，通过统计词在文档中出现的次数，获取词频（TF），并结合逆文档频率（IDF）计算出词的权重，权值越大表示该词的代表性强。TF - IDF 的计算公式如下：

$$\text{TF-IDF} = \text{tf（词频）} \times \text{idf（逆文档频率）}$$

（3）根据设定阈值，选取权值高的词作为用户的兴趣关键词，然后将选取的关键词和标准库进行相似度计算，确定用户兴趣类别，并将 TF - IDF 的计算值作为用户兴趣的权值，$U_i = \{W_1, W_2, \cdots\}$。

3.5　融合用户标签和微博内容的用户兴趣模型

通过对微博用户标签和内容的处理，根据与标准库的相似度计算，已经确定了用户兴趣分类情况及其权值情况。将用户标签的兴趣分类的向量表示和用户内容的兴趣分类的向量表示加和来确定用户的兴趣分类模型，用户兴趣模型为 $U = U_{ni} + U_i$。其中用户 n 的取值为 1 或 2，n 为 1 表示该用户自己填写了用户标签，n 为 2 表示该用户没有填写用户标签。用户兴趣模型的建立流程，如图 2 所示。

4　结束语

随着社交网络的日益发展，微博已成为人们日常生活中获取信息，分享信息的平台。本文提出了一种融入用户标签和用户微博内容的用户兴趣模型的构建方式，以此来提高用户兴趣模型构建的准确性。

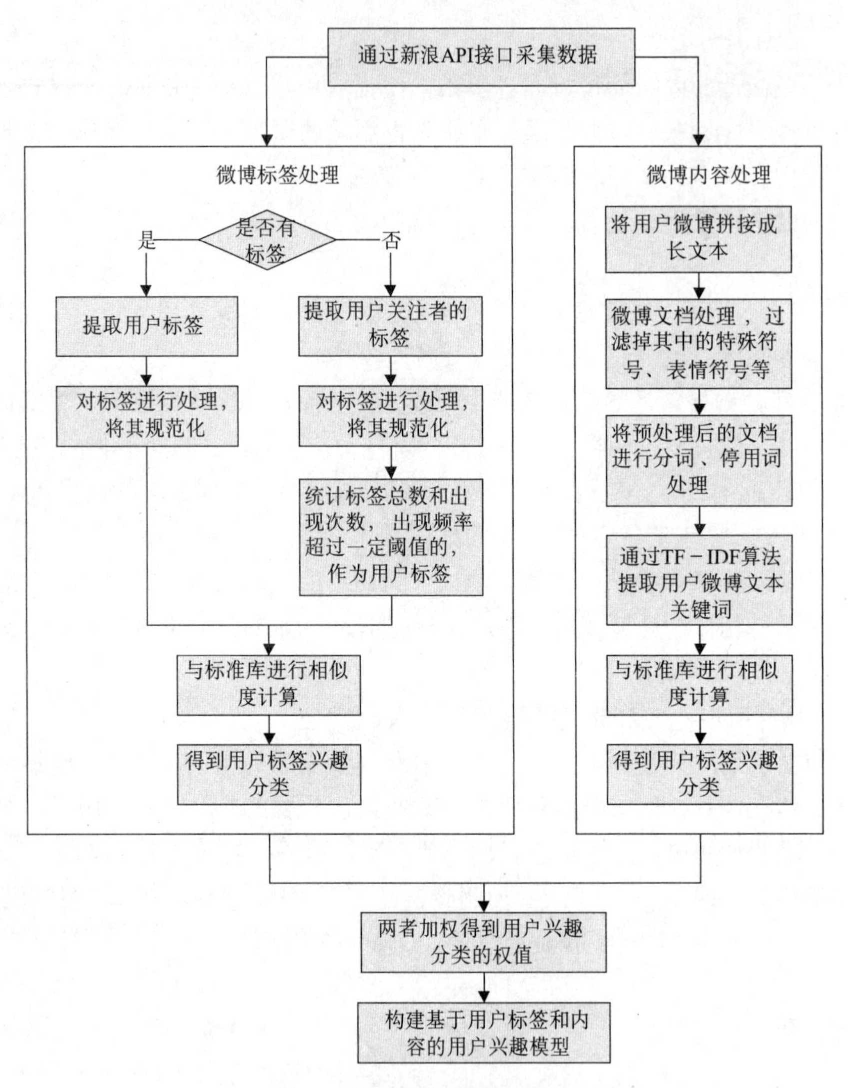

图2　用户兴趣模型建立流程

参考文献

[1] 邢千里，刘列，刘奕群，张敏，马少平等．微博中用户标签的研究［J］．软件学报，2015，26（7）：1626－1637.

[2] 徐彬，杨丹，张昱，李封等．面向微博用户标签推荐的关系约束主题模型［J］．计算机科学与探索，2014.

[3] 康海潇．基于标签的微博用户兴趣发现算法研究及应用［D］．浙江大学，2013.

[4] 高哲，罗挺豪，赵珓言，杜健平等．基于微博内容的用户兴趣爱好分类模型［J］．台州学院学报，2015.

[5] 刘群，李素建．基于《知网》的词汇语义相似度计算［J］．中文计算语言学，2002，7（2）：59－76.

第4章
算法与图像处理

基于图像处理技术的答题卡识别

杜聪　王学军

（石家庄铁道大学信息科学与技术学院，河北石家庄市 050043））

Answer sheet recognition based on image processing technology

Du Cong, Wang XueJun

(School of Information Science and Technology, Shijiazhuang Tiedao University, Shijiazhuang 050043, China)

【摘要】图像识别技术的不断发展，以前是专门的光标阅读机来阅读答题卡的方式，现在可以由扫描仪扫描后通过电脑程序进行读卡。对此，提出了基于图像识别的计算机阅卷方式的方案，此方案对答题卡直接扫描成图片再进行灰度化处理后将图片校正，并对其上的涂点进行定位识别。该方案将以 OpenCv 为工具，基于数字图像处理技术对涂点进行识别，并对识别的结果进行处理，利用 Canny 算子边缘提取、Hough 变换的直线检测技术对图像的倾斜度进行判断与校正，然后对图像的灰度值进行判定，保证高水平的识别率。

【关键词】图像识别　答题卡　OpenCv　Canny 算子　Hough 变换

【Abstract】Development of image recognition technology, used to be exclusively read OMR answer sheets can now be read by a scanner scan through a computer program. In this regard, the checking method is proposed based on computer image recognition programme scan pictures directly on the answer sheet in this scenario to gray after processing, image correction, and to locate and identify the painted on. The program will OpenCv as a tool, based on digital image processing technology to identify the bit, and the processing of the results, using the Canny operator side edges, linear detection Hough transform technique to judge the inclination of the image correction, and then determine the image gray value, guarantee a high level of recognition.

【Keywords】Image Recognition　Answer Sheet　OpenCv　Canny Operators　Hough Transform

随着计算机科学与技术的发展，图像的识别技术已经十分成熟。教育教学领域中使用图像处理的应用，在读答题卡的过程中还是以机读为主要的方式，但是随着图像识别在交通领域和公共安全领域的广泛使用，新的方法可以运用到教育教学中。光标阅读机可以采集答题卡上填涂的信息标记，以数字的形式传送给计算机进行软件分析，是一种外围输入设备。采用图像处理技术，只需对答题卡进行扫描成图像，存储到计算机当中，运用图像识别软件进行识别，这样只对答题卡进行扫描，可以在任何装有答题卡识别软件的计算机中进行读卡，在没有光标机这种外围设备实现读卡。答题卡是纸质的不利于存储和传输，扫描成图像后可以保存到计算机中，方便对于答题卡信息的管理。

1　图像处理基本流程

扫描仪对答题卡进行扫描，扫描出的图像可能存在一些模糊、阴影、图形旋转和失真等问题，如果不降低或消除这些干扰，结果可能将存在很大的误差，或者造成读卡失败。数字图像处理按照研究内容可分为广义的数字图像处理和狭义的数字图像处理。其中前者包括了图像的获取、增强、恢复、编码、分割、识别、理解等一系列的研究内容，后者指真正的数字图像处理，即增强、恢复、编码、分割等几个方面[1]。答题卡图像处理需要得到答题卡的参数信息，在答题卡的四周我们可以看到许多黑色方块，这些都是一些定位点，对答题卡进行扫描后，得到答题卡图像，对答题卡进行灰度化处理，然后进行二值化处理、纠偏和剪切，根据答题卡的已知参数，来定位每块图像的信息，这些参数是系统定义好的参数信息。处理流程及答题卡原因（见图 1、图 2）：

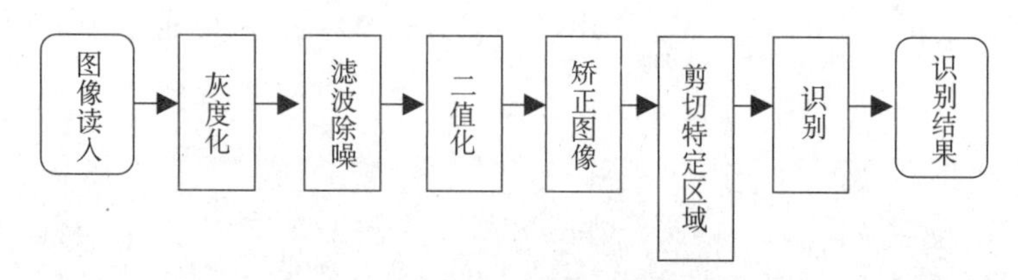

图 1　处理流程图

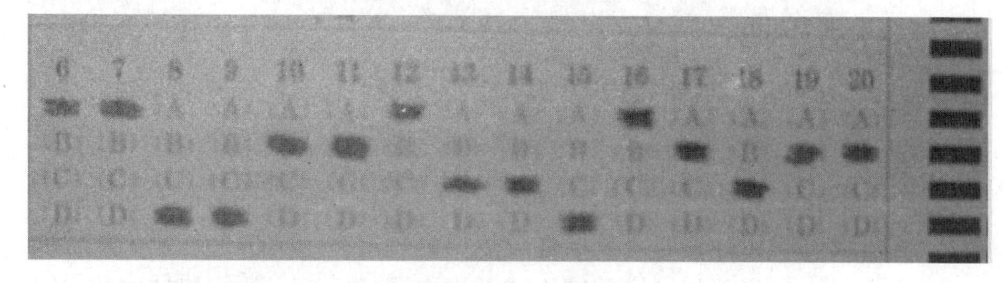

图 2　答题卡原图

1.1　图像灰度化

图像灰度化就是将彩色图像转化成灰度图像的过程。图片的很多像素点构成了整个的图片，所有的颜色可以由红、绿、蓝三种颜色表示，三种颜色比例不同出来的色彩就会有差别。三种颜色的值都是从 0—255 之间的任何整数。一个彩色像素由三个元素红绿蓝构成，一个灰度素只需要一个元素构成，即0—255间的任一数。经过灰度处理后图像存储量会变小，处理量也会变小，所以在图像处理过程中，如果对于色彩没有要求，对于所要求出的结果不产生影，就转为灰度图。同时，在图像处理过程中可以减少系统的运算量，缩短系统的运行时间。

考虑到人的视觉感观因素，调整（1）式中R、G、B各分量在灰度化时对灰度值的贡献，设它们各自对灰度的贡献分别为Cr、Cg、Cb，这样可以得到：

$$Y = Cr \times R + Cg \times G + Cb \times B \tag{1}$$

其中系数Cr、Cg、$Cb \geqslant 0$且满足$Cr + Cg + Cb = 1$。容易看出（1）式简单灰度化方法其实就是当：$Cr = Cg = Cb = 1/3$时的一个特例。

在中国彩色电视PAL制式中，利用R、G、B值计算亮度信号Y时，没有将3种颜色按相同的比例进行混合，而是按照适合于人眼的视觉特点来合成的，选取$Cr = 0.3008$、$Cg = 0.5859$、$Cb = 0.1133$，这样就可以合成很自然的黑白图像。此时亮度值计算公式如下：

$$Y = 0.3008R + 0.5859G + 0.1133B \tag{2}$$

这个公式是电视工业标准灰度化方法，用这种方法可以从彩色电视信号得到自然的黑自亮度信号，该方法除了用于电视亮度信号外，也广泛用于其他彩色图像的灰度化处理，如彩色图像的灰度印刷、打印等[2]。

在OpenCv中实现图像灰度化的函数：

cvCvtColor（img，img1，CV_ BGR2GRAY）；//将读入的彩色图像灰度化（见图3）。

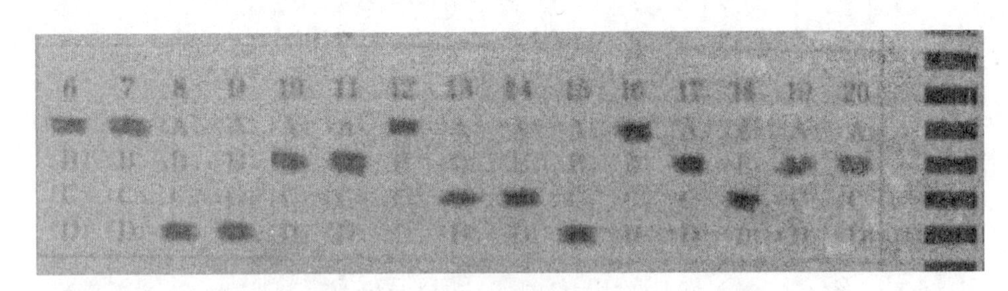

图3　灰度化后图

1.2　图像二值化

二值化就是通过设定阈值将灰度图像分成两部分：大于阈值的像素为白色和小于阈值的像素为黑色，这样就将灰度图转换成了黑白图像。现有的阈值选取技术可以分为全局的和局部的阈值选取方法。全局的阈值选取是指根据整幅图像确定一个阈值。局部阈值选取方法是指将图像划分为若干子图像，根据每个子图像确定相应的阈值。为了解决光照不均匀的问题，对图像进行二值化处理时采用局部平均阈值，在各个局部区域计算其灰度的平均值作为阈值，在不同的区域阈值会做相应的调整，这样也解决了光照不均匀的问题，同时在光照明暗变化时也能自动调整阈值的大小[3]。

上面已经说到，0—255之间的任意整数可以是灰度图像中任一像素点的灰度值，共有256个值可取，图像二值化就是将具有多灰度值的灰度图像转化为只有0或255两种灰度值的图像，即像素点颜色非黑即白的图像，也叫二值图像：当灰度值为255时像素点为白点，为0时像素点为黑点。其基本处理思路是：首先选择一灰度阈值T，如果像素值小于等于T就把该像素点设置成0，如果像素值大于T就把该像素点设置成255，如下公式（3）：

$$f(x)=\begin{cases}0, & x\leqslant T\\ 255 & x>T\end{cases} \tag{3}$$

其中，x为各像素点的原始灰度值，$f(x)$为新灰度值。

OpenCv使用Canny算子对图像进行边缘检测。与边缘检测相比，轮廓检测有时能更好地反映图像的内容。而要对图像进行轮廓检测，则必须要先对图像进行二值化，图像的二值化就是将图像上的像素点的灰度值设置为0或255，这样将使整个图像呈现出明显的黑白效果。在数字图像处理中，二值图像占有非常重要的地位，图像的二值化使图像中数据量大为减少，从而能凸显出目标的轮廓，在这里我们选择的图像的阈值是128，在这里可以得到二值化后的图像（见图4）。

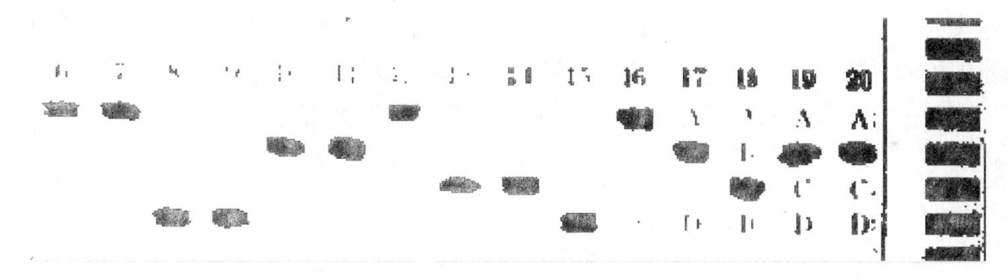

图4　二值化后图

OpenCv中实现二值化的函数：

Cv：：cvThreshold（const src，dst，threshold，max_ value，threshold_ type）；//参数列表（原图像，目标图像，阈值，最大值，阈值类型）。

2　图像矫正

2.1　图像旋转

在答题卡输入进行扫描的过程中，难免会有小的偏转，如果偏转影响了识别，那么就要对其进行纠正，扫描的答题卡一般是等比例的大小，不会出现由于远近出现目标图像大小不一的现象，从纠偏的角度来说，这里需要一个直线，所以用HouphTransform直线检测算法。

下面公式（4）、（5）是图像发生旋转后，在几何形状不变时，通过图像的旋转进行校正的原理旋转通常是以图像中心为圆心旋转，如果在XOY坐标平面内，A点坐标为（x，y），线段的长度为 r，且与 x 轴的夹角为 β 。现将线段以 O 点为中心顺时针旋转 α 角至位置，A'坐标为（x'，y'）[4]（见图5）。

旋转前：

$$x = r\cos\beta,\ y = r\sin\beta \tag{4}$$

旋转 α 角度后：

$$\begin{aligned} x' &= r\cos(\beta - \alpha) = r\cos\beta\cos\alpha + r\sin\beta\sin\alpha = x\cos\alpha + y\sin\alpha \\ y' &= r\sin(\beta - \alpha) = r\sin\beta\cos\alpha - r\cos\beta\sin\alpha = y\cos\alpha - x\sin\alpha \end{aligned} \tag{5}$$

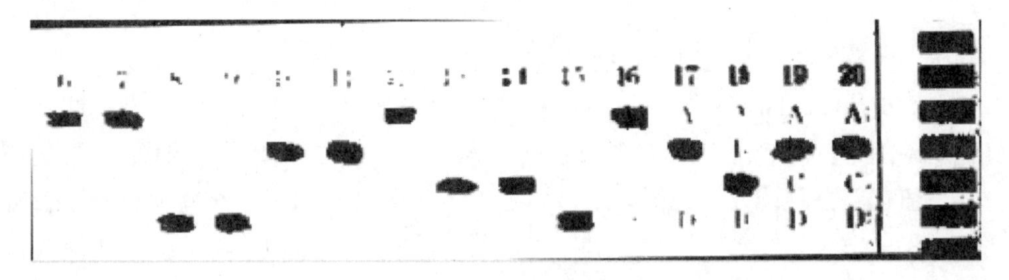

图5　图像旋转后图

OpenCv 提供两种霍夫变换（Hough Transform）的实现，基础版本是 cv:: HoughLines。它的输入为一幅包含一组点（表示为非零像素），的二值图像，其中的一些排列后形成直线。通常这是一幅边缘图像，比如来自 Canny 算子。cv:: HoughLines 函数的输出是 cv:: Vec2f 向量，每一个元素都是一对代表检测到的直线的浮点数（ρ，θ）。

OpenCv 中的直线检测函数：

cv:: Canny（image，contours，125，350）；//参数列表（灰度图，输出轮廓，低阈值，高阈值）；

cv:: HoughLines（test，lines，1，PI/180，80）；//第三和第四个参数表示步进尺寸，最后个参数表示最小投票数。

在图像旋转的同时，我们对图像进行等比例缩放，通过对右边对定位格的运算，可以得到需要缩放的比例。

OpenCv 中的图像旋转函数：

cv:: getRotationMatrix2D（center，angle，scale）；//参数列表（旋转中心，旋转角度，缩放尺度）。

2.2　剪切图像

剪切图像前我们对图像分割做以下介绍。图像分割是将图像划分为一些互不重叠的区域，以便进一步对图像进行分析、识别、压缩编码等。一般采用区域法和境界法。区域法根据被分割对象与背景的对比度进行阈值运算，可以将对象从背景中分割出来。境界法利用各种边缘检测技术，即根据图像边缘处具有很大的梯度值进行检测。这两种方法都可以利用图像的纹理特性实现图像分割。虽然目前已研究出不少边缘提取、区域分割的方法，但还没有研究出一种适用于各种图像的有效分割方法。因此，图像分割技术是目前图像处理中研究的热点之一[5]。

根据右侧的定位标志，对图片进行剪切，从最右上的标志位开始对横行的像素进行检测如果每个像素的 RGB 全为 255，说明这个是一个空行，下一行就是题号行，知道标志的比例就可以算出要向下移动的像素和最末尾的标志所在的像素，以及横向的长度，这样只需要按照定好的参数进行截取特定的区域，如图 6 所示。

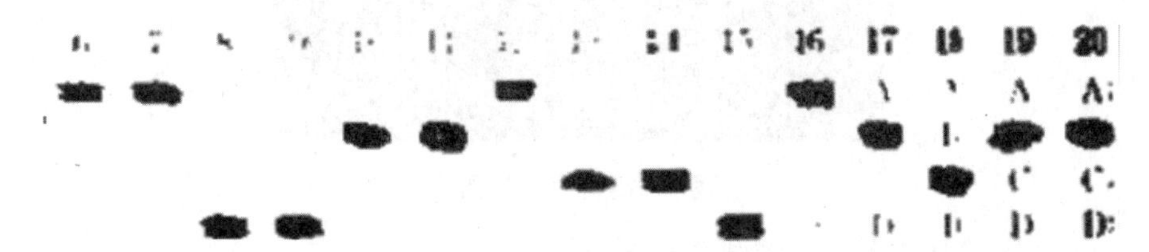

图 6　剪切缩放后的图像

OpenCv 中图像的剪切有多种方法，其中一种是使用 ROI 的方法

第一步：将需要剪切的图像部分设置为 ROI：

Cv：：cvSetImage（src，cvRect（x，y，width，height））；//参数列表（源图像，图像区域）。

第二步：新建一个与需要剪切的图像部分同样大小的新图像：

Cv：：cvCreateImage（cvSize（width，heigh），IPL_DEPTH，nchannels）；//参数列表（图像大小，深度，通道数）。

第三步：将源图像复制到新建的图像中：

Cv：：cvCopy（src，dst，0）；//参数列表（源图像，目标图像，mask 参数）。

第四步：对 ROI 区域进行释放：

Cv：：cvResetIamgeROI（src）；//参数列表（源图像）。

3　定位识别

图像截取后对图像填涂区进行定位识别，图像的填涂区已经确定好每一个小区都代表一个涂卡点，对每一个涂卡点区进行识别，在这个区域内如果有 80% 的像素是黑色我们就认为在这个区域进行了涂写，对标记区内的图像进行判断是否填涂，最后将结果存成一个 $M[i]$ 数组：

［1，1，0，0，0，0，1，0，0，0，1，0，0，0，0，0，0，0，0，1，1，0，0，0，0，0，1，0，1，1，0，0，0，0，0，0，0，1，1，0，0，0，1，0，0，0.0，1，1，0，0，0，0，0，1，0，0，0，0，0］（见图 7）。

其中的值为 0 或是 1 分别代表未涂和填涂，$M[0]$ 到 $M[14]$ 代表是从左到右所的题选 A 的选项，$M[15]$ 到 $M[29]$ 代表是从左到右所的题选 B 的选项，$M[30]$

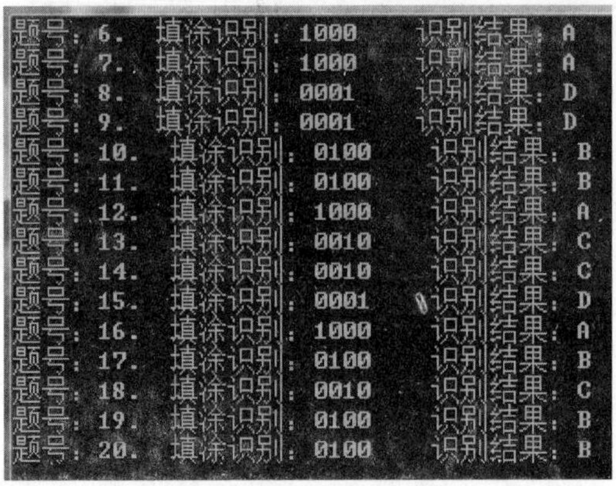

```
题号: 6.   填涂识别: 1000    识别结果: A
题号: 7.   填涂识别: 1000    识别结果: A
题号: 8.   填涂识别: 0001    识别结果: D
题号: 9.   填涂识别: 0001    识别结果: D
题号: 10.  填涂识别: 0100    识别结果: B
题号: 11.  填涂识别: 0100    识别结果: B
题号: 12.  填涂识别: 1000    识别结果: A
题号: 13.  填涂识别: 0010    识别结果: C
题号: 14.  填涂识别: 0010    识别结果: C
题号: 15.  填涂识别: 0001    识别结果: D
题号: 16.  填涂识别: 1000    识别结果: A
题号: 17.  填涂识别: 0100    识别结果: B
题号: 18.  填涂识别: 0010    识别结果: C
题号: 19.  填涂识别: 0100    识别结果: B
题号: 20.  填涂识别: 0100    识别结果: B
```

图7　运行后结果图

到 *M*［44］代表是从左到右所的题选 C 的选项，*M*［45］到 *M*［59］代表是从左到右所的题选 D 的选项，所以左边第6 题的选项就是 *M*［0］，*M*［15］，*M*［30］，*M*［45］分别代表选项的 *A*，*B*，*C*，*D*，同样对于每一个题所在数组进行定位可以得 15 个题所选的答案。

4 结　论

本文为了解决对答题卡的阅读技术，使用了图像处理程序，对扫描后的答题卡进行识别，对于整个答题卡识别的流程提供了完整的实现方法，包括从图像输入到结果输出对每个环节用到的关键原理与技术进行了介绍，并列出了处理图片过程中用到的 OpenCv 的函数。在不用光标机的情况下，实现了对答题卡的阅读。以图像处理为基础的答题卡处理技术，在灵活度上得到了提高，通过对图片的运算得到准确的结果。

参考文献

［1］ 王建卫，曲中水．“数字图像处理”综合性教学实验的设计［J］．软件导刊．2010（09）．

［2］ 周金和，彭福堂．一种有选择的图像灰度化方法［J］．计算机工程 2006（20）．

［3］ 王强，马利庄．图像二值化时图像特征的保留［J］．计算机辅助设计与图形学学报．2000（10）．

［4］ 康牧，王子须．一种基于移植理论的图像旋转算法［J］．计算机工程．2012（23）．

［5］ 丁可．数字图像处理技术研究与发展方向［J］．经济研究导刊，2013：246－246.

［6］ 高育鹏，杨俊，何广军．基于图像识别的自动阅卷系统研究［J］．现代电子技术．2006（22）．

基于驾驶员行为的视频事件检测的研究

连少远　王正友

（石家庄铁道大学信息科学与技术学院，河北石家庄市 050043）

Research on video event detection based on driver behavior

Lian Shaoyuan, Wang Zhengyou

(School of Information Science and Technology, Shijiazhuang Tiedao University, Shijiazhuang 050043, China)

【摘要】当今世界铁路运输业蓬勃发展，中国的铁路交通也是发展迅猛。随着铁路业的大发展，安全驾驶成为保证铁路安全运输中重点关注的问题之一。于是，怎么来监督并保证列车驾驶员的驾驶行为达到最佳也就变得至关重要。但是，目前一般是通过监控人员盯多个屏幕来实现对驾驶员行为的监督，这样花费了大批人力。本文根据列车驾驶员驾驶时的特点和规律，结合铁路局轨道车辆管理办法对驾驶员在值乘期间的相关要求，通过视频检测对驾驶员手势以及其他动作行为的检测，并采用有效的列车驾驶员特征提取和识别算法最大限度地降低列车运行时驾驶室内光照变化等因素的影响，对远程监控得到的列车驾驶员行为进行检测和识别研究，并分析其驾驶时的行为。

【关键词】视频检测　行为检测　特征提取　行为识别

【Abstract】The world's railway transportation industry is booming and the development of China's railway transportation is rapid. With the development of the railway, safe driving has become one of the most important issues in the railway safety and transportation. Therefore, how to supervise and ensure the good working condition of the train driver becomes very important. Currently, the driver's behavior is part of the supervision stare through the monitoring personnel to implement multi - screen, spending a lot of manpower. The text according to the characteristics and rules of the train driver, combined with railway track vehicle management regulations and for locomotive driver during multiplied by the relevant requirements, through the detection of video detection of driver gestures and other actions, the effective train driving driver feature extraction and recognition algorithm to maximize reduce train cab light according to the influence of factors such as changes, the remote monitoring of train driver behavior for detection and identification of and analysis the driving behavior.

【Keywords】Video Detection　Behavior Detection　Feature Extraction　Behavior Recognition

驾驶员的不恰当驾驶可能会引起较大的事故，甚至还会导致大量的乘客伤亡，因此对列车驾驶员的驾驶状态的监测成为目前的研究重点之一[1]。近年来，随着铁路事业的快速蓬勃发展，火车事故也随之而增多。2015 年 5 月 12 日晚，美国全国铁路客运公司 188 次列车载有 238 名乘客和 5 名车组成员的客运列车在由首都华盛顿开往纽约的过程中发生严重脱轨事故，事故导致包括这趟列车的火车头 7 节车厢全部发生脱轨，并且致使 7 人死亡，有 200 多人受伤；2014 年 13 日 3 时 17 分，K7034 次旅客列车由黑河开往哈尔滨的过程中运行至绥北线海伦至东边井区间发生脱线事故，致使 15 名旅客受伤；2013 年 10 月 23 日 20 时 10 分左右，从西宁开往格尔木的 K7581 次下行列车与一列青藏铁路格尔木东段工程部门发生溜逸的空客车车底在正线 2 道相撞，结果 52 人被送往医院观察治疗，1 名重伤者遇难；2013 年 8 月 19 日上午，一群横穿铁路的印度教信徒被印度北部比哈尔邦一列从比哈尔邦瑟赫尔萨市开往首府巴特那的火车行驶至达马拉卡德镇车站时撞到，事故导致 37 人死亡，其中包括 13 名妇女、4 名儿童和 20 名男性，另有 24 名受伤者；2008 年 4 月 28 日凌晨 4 点 41 分，一列由北京开往青岛的 T195 次列车在运行至胶济铁路周村至王村之间时脱线，结果与上行的烟台至徐州 5034 次列车相撞，事故造成 72 人死亡，400 余人受伤。上述惨重的事故使得对于列车的安全性研究变得格外重要。

列车的行驶过程有其特性，部分路段会有不同的曲率，而列车荷载的变化也很大，同时列车行驶过程中存在着换轨道、加速、减速、下坡、爬坡等诸多复杂繁琐的操作问题，这些因素使得列车驾驶员更加紧张，时刻警醒安全驾驶。若列车驾驶员操作不当，可能带来较大的安全问题，如会对人身安全、财产造成重大的影响，甚至会造成铁路系统局部或全局的瘫痪。因此，对于列车驾驶员的状态的监测并及时报警的研究有着重要的意义。

1 事件检测概述

1.1 视频事件检测

事件是发生在现实世界中的一个抽象概念。“事件”是一个含义比较广泛的词语，因此在不同的领域中它的定义可能会有很大的差异。从广义上讲，事件是指由它的时间和空间信息所指定的在时空中的一个点。在文本检测中，事件可以认为在某个确定的时间发生确定的事情。在模式识别中，事件大体上被定义为一种可以被某一种模式类型匹配的模式。而在信号处理中，事件可以定义为一个信号的触发。“事件”这个词在许多视频语义分析及相关文献中也频频出现，在这些文献中用“事件”多来描述对象的行为或者是动作[2]（见图 1）。

事件检测是用于对视频的智能管理和高级检索的一种语义概念检测。在监控视频或者体育视频中的事件检测系统中，主要是通过直接从视频内容中抽取文本信息或者

图1 视频中关于人的动作事件。例如，打电话、生日聚会、跳水、谈话、走路等

音频、视觉信息作为特征对视频进行分析。视频的事件检测领域主要包含行为研究、体育分析、视觉监控和视频编辑等多方面的内容[3]，如图1所示，视频文件包含“打电话”、“生日聚会”、“跳水”、“聊天”、“走路”等类似的一些基本动作。由于列车驾驶室视频场景相对变化较小，所以此类视频相对比较简单。本文正是一种通过视频事件检测来对机车司机的手势以及列车司机走动和睡觉等动作行为的识别，判定机车司机的驾驶状态的监测技术，对驾驶员给予警报，来提高驾驶员的驾驶能力，以便协调好驾驶员与车辆以及交通环境之间的关系。

1.2 视频检测的原理及组成

视频检测是一种大区域、多目标、过程型的“所见即所得”式的检测技术[4]。所谓大区域是指它的监测范围是其他监测技术所不及的，多目标是相机的观测范围内的所有目标可以监测，过程类型是指视频检测技术，不仅可以监测和记录事件的瞬时信息，而且还可以记录事件前后的图像，它能反映事件的过程和原因。系统将图像数据采集、运动目标检测、行为识别和违规自动报警等功能集成为一个一体化的平台，主要构成部分包括：前端采集、传输、存储、报警、显示和计算机处理系统，如图2所示。

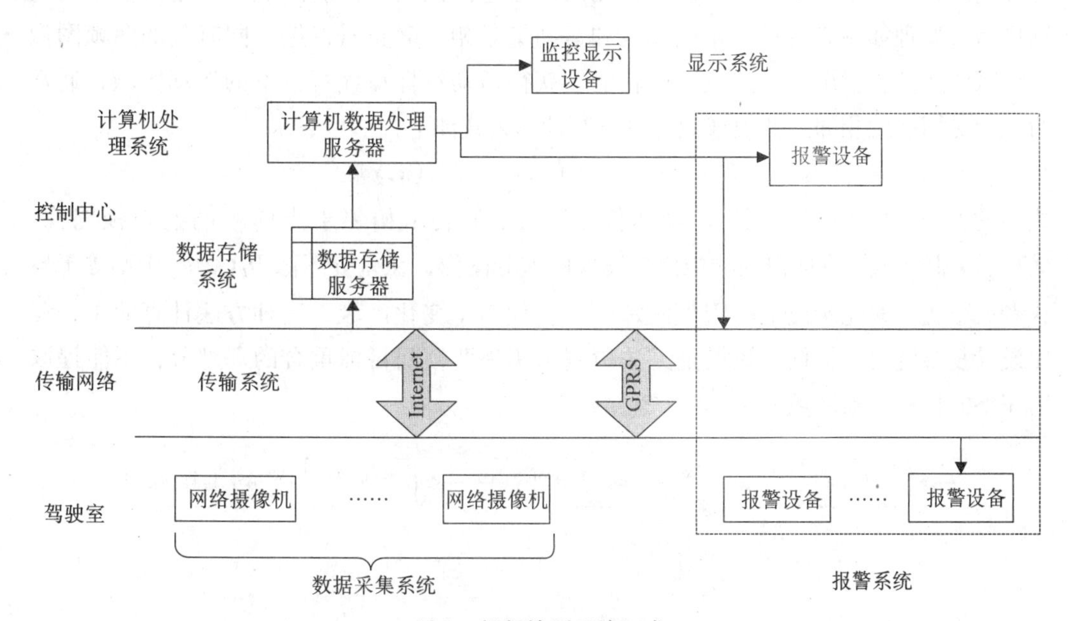

图2 视频检测系统组成

并且由图2我们可以很清楚地看到，系统中摄像机将驾驶室内的情况通过Internet或者GPRS传输到控制中心，再经由数据存储服务器传输到计算机系统，然后计算机系统对检测的视频动作行为进行识别判断，若识别判断驾驶员行为属于违规操作则进行报警，本文中报警系统还处于构思阶段，尚未实施。

2 主要关键技术

2.1 目标检测

目标检测，也叫目标提取，是从视频或图像中提取出运动前景或者感兴趣的目标，也就是确定当前时刻目标在当前帧的位置和所占大小。因此目标检测在视频事件检测算法中处于基础地位，目标检测性能的好坏直接影响了后续特征提取等算法、目标分类与识别的性能[5]。根据运动环境的不同运动一般可以把目标检测技术分为两类：静态背景下的运动目标检测和动态背景下的运动目标检测，前者指的是摄像机在拍摄过程中的位置是固定的，所以图像的背景会基本上是一致的；而动态背景下的目标检测是指拍摄摄像机是随着运动目标的运动而移动的，因而这样图像的背景就会随之发生变化，光流法常用于动态背景下的运动目标检测。由于本文研究的列车驾驶员行为的视频检测的背景都是静态的，这里我们就只介绍基于静态背景下的运动目标检测方法。

2.1.1 帧间差分法

帧间差分法[6]是通过视频图像序列中连续两帧或者几帧图像在相同位置的像素值存在的差异特点来实现运动目标的检测的，通过预先设定好的阈值来确定图像中的运动区域，原理如图3所示。在摄像机和运动场景相对静止时，把不同时刻的两帧图像进行减法运算，找出变化的范围，就能够获得运动目标在该背景下的运动区域，通常情况下是用连续相邻的两帧来做计算，其计算公式如下：

$$D_k(x,y) = | f_k(x,y) - f_{k-1}(x,y)$$

式中的$f_k(x,y)$表示当前第k帧图像，$f_{k-1}(x,y)$表示相邻于当前帧的前一帧图像，$D_k(x,y)$则表示计算后得到的当前帧图像的差分图像，在差分图像$D_k(x,y)$中不等于零或者大于我们原先所设定的阈值的那些点就代表了变化区域，这种方法计算简单，程序设计复杂度也比较低，缺点是无法检测出相邻两帧间目标重合的那部分，不能提取出完整的目标运动区域。

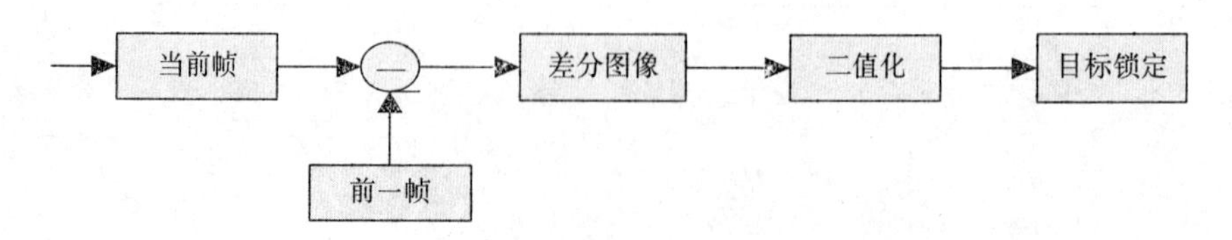

图3 帧间差分法原理

2.1.2　背景减除法

背景减除法是一种有效的运动目标检测算法，它的基本思想是利用背景的参数模型来近似背景图像的像素值，将当前帧与背景图像进行差分比较从而实现对运动区域的检测，其中区别较大的像素区域被认为就是运动区域，而区别较小的像素区域则被认为是背景区域，原理如图 4 所示。背景减除法必须要有背景图像，并且该背景图像必须是根据光照或者外部环境的变化情况需要进行实时更新，因此背景建模及其更新是背景减除法的关键。目前研究比较多的是基于统计模型的方法，包括混合高斯分布模型[7]、非参数化模型、隐马尔可夫模型、码本建模、卡尔曼滤波（Kalman filtering）建模以及基于这些算法的改进算法等。

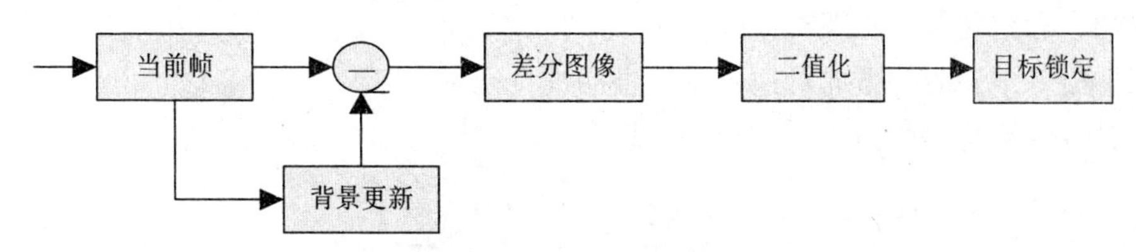

图 4　背景减除法原理

由于列车驾驶室处于高速运行的状态，光照、阴影等环境因素变化较快，对驾驶员姿态提取的难度增加，通过对不同的运动目标检测算法的分析对比，发现背景减除法中的混合高斯分布模型[8]能够较好地适应背景变化，因此本文拟采用基于该模型的检测算法。

2.2　动作特征提取

特征提取在人体运动行为识别中是关键的一步，也是数字图像分析中的重要内容，它对图像中人体运动行为分析与识别的精度、计算复杂度以及鲁棒性等性能有很大影响。特征提取的主要目的是为了尽可能去除图像中冗余的信息，留下能表示图像特征的重要信息，尽可能减少数据量和计算量，提高效率。本文主要是基于人体行为的视频事件检测研究，特征提取的整体框架具体流程如图 5 所示。

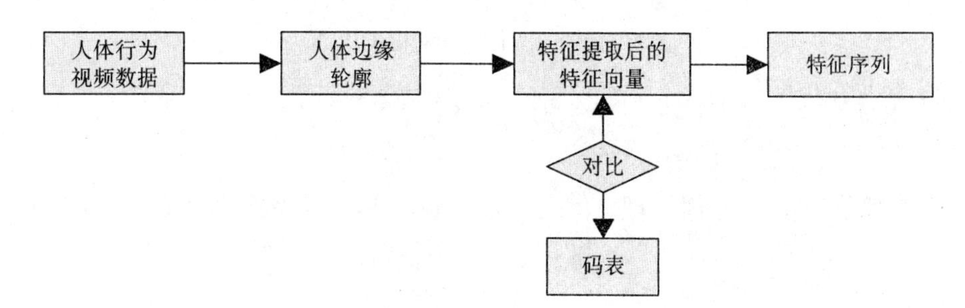

图 5　特征提取整体流程

特征提取的方法主要包括主成分分析（简称 PCA）特征提取法、网格特征提取法、人体骨架特征提取法。由于 PCA 不能通过已经掌握的某些特征，无法对参数进行干预，达不到预期的效果；而网格特征因为对运动行为位置信息敏感，所以对行为的识别不具有通用性。综合以上分析以及列车驾驶员法本身及所处环境的特点，本文采用人体骨架特征提取法。人体骨架特征法相对于其他特征提取方法可以很好地代表人体行为特征，虽然目前已有多种骨架提取的方法，不过大多计算量比较大，而且很多对噪声比较敏感。Hironobu Fuijiyoshi 提出了一种简单、实时且鲁棒性较强的骨架特征提取方法，称为星形骨架提取法，它是连接人体轮廓的重心和边缘极值点的一种方法。星形骨架提取法相对于其他骨架提取法特征提取的准确性要高，而且匹配效果好[9]。人体骨架特征提取法的具体细节及基本原理如下：

输入：假设经过预处理步骤后的单张二值化图像为 $I(x,y)$，它只包含了人体目标边缘轮廓。

输出：参数化星形骨架特征向量。

①顺时针或逆时针方向对边界点的坐标进行记录，存到 $B(x,y)$ 中。

②计算目标边界的质心 (x_0,y_0)，即

$$x_0 = \frac{1}{N_b}\sum_{i=1}^{N_b} x_i, y_0 = \frac{1}{N_b}\sum_{i=1}^{N_b} y_i$$

其中 $x_i,y_i \in B,N_b$ 是边界像素的总数，(x_0,y_0) 为目标上一点，如图6所示。

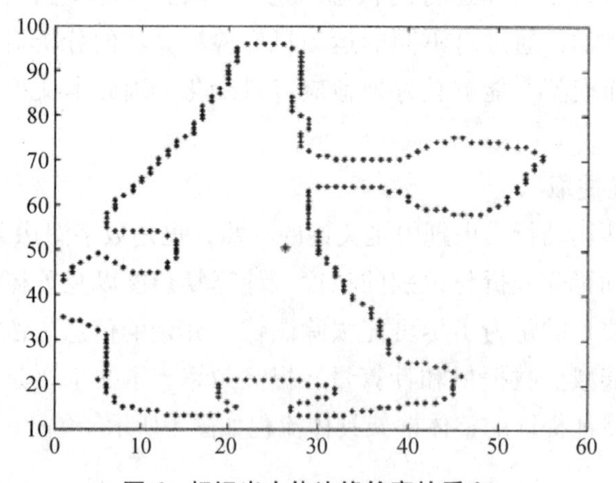

图6 标识出人体边缘轮廓的质心

③对每个边界点 (x_i,y_i) 到质心 (x_0,y_0) 的距离进行计算得到。

$$d_i = \sqrt{(x_i - x_0)^2 + (y_i - y_0)^2}$$

④对距离信号 $d(i)$ 平滑处理，然后通过在频域内对其低通滤波或线性平滑后得到 $\widehat{d}(\mathrm{i})$。

⑤把 $\widehat{d}(\mathrm{i})$ 的局部极大值作为极值点，然后将极值点与质心连接起来进而得到星形骨架模型。

⑥特征向量参数化。

⑦极值点统一化。

通过上面的详细描述，对某张已经获得的人体边缘轮廓的目标图像，我们就可以通过星形骨架提取法得到人体骨架特征向量，然后根据特征提取的整体框架流程，利用已经获得的人体骨架特征向量对其各类的整个行为过程建立码表以及对所有的数据特征序列化，以便于提供给之后的隐马尔可夫模型（HMM）训练识别系统使用，这些操作过程称作矢量量化。

3　HMM 人体行为识别

利用星形骨架特征方法进行人体行为特征提取，建立码表后就在行为识别中应用隐马尔科夫模型（HMM）[10]。

HMM 的基本理论在 20 世纪 60 年代末和 70 年代初形成，我们常用它的简写形式 $\lambda = \{A,B,\pi\}$ 表示。其中 π 表示初始状态分布，A 用来描述马尔科夫链，输出为状态序列，B 用来描述随机过程，输出为观察符号序列[11]。HMM 可分为训练和识别两部分，训练部分可以采用 Baum - Welch 算法来训练模型的 λ_i，Baum - Welch 算法的基本原理就是首先找到一组模型参数，其次使该模型参数能够产生输出序列 o，从而能够生成一个初始化模型 λ_0，最后还要在初始化模型的基础上继续寻找更好的模型[12]。在第一个和第二个问题解决的情况下，不但可以算出模型产生 o 的概率 $p(o/\lambda_0)$，并且能找出此模型产生 o 所有可能的路径及其概率。识别部分可以采用前向算法计算出最有可能输出的该序列的模板。

HMM 模型参数的具体训练过程如下：

①对模型初始化 $\lambda_0 = \{A,B,\pi\}$，确定模型中各个参数的值；

②训练第 1 个观察值序列；

③给定观察值序列及其模型，计算前向因子和后向因子；

④对辅助变量进行计算；

⑤进行参数的重估，得到新模型 λ；

⑥使用前向算法计算输出概率，收敛的条件进行判定，若满足，则说明训练达到预期的效果，算法结束。否则，令 $\lambda_0 = \lambda$，回到第 2 步进行下次迭代，直至达到最大迭代次数，算法结束。

对于待识别的行为，首先提取获得其特征序列，然后使用前向算法计算待识别序列和各个模型的相似程度（用对数概率值来表示），最后根据贝叶斯[7]最大后验概率判定方法来确定，识别过程如图 7 所示。

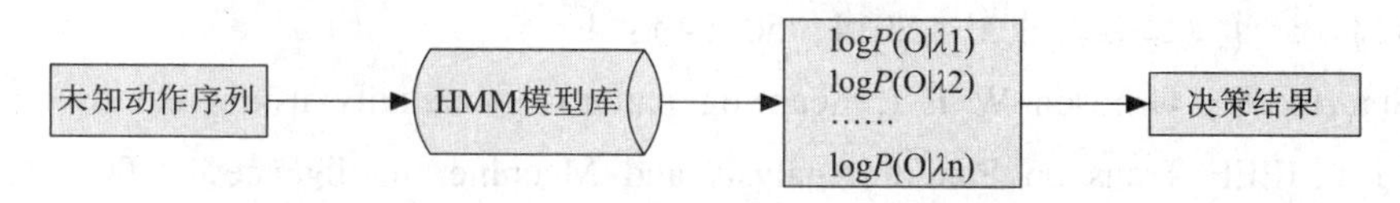

图 7　识别部分框图

最后可以使用常用的公开行为数据库 Weizmann 数据库选取不同人的动作作为测试样本对本文提出的方法进行测试。Weizmann 人体行为数据库包括 walk、run、jack、side、bend、jump1（jump forward）、jump2（jump in place）、wave1（one - hand wave）、wave2（two - hands wave）、skip 等。这 10 种行为由 9 个表演者重复执行，一共 90 段。视频拍摄的背景静止，视角固定，为 AVI 格式，尺寸大小 180×144 像素，视频帧速 25 帧/秒[13]。由于这个行为数据库的背景简单，视角固定，所以很多方法都能在该数据库上取得可观的识别率。

4 结 论

随着铁路事业的高速发展，列车驾驶员的驾驶行为和状态成为人们关注的要点之一。本文主要针对基于驾驶员行为的视频事件检测的相关问题进行了研究。通过对运动目标检测算法的研究，拟采用背景消除法中的混合高斯模型的标检测算法，以便克服光照和车速等影响，使目标检测在场景中有较好的效果；针对驾驶员违规行为识别，采用复杂度低且效果较好的星形骨架提取法来描述人体的运动特征，最后采用隐马尔科夫模型实现了对驾驶员行为的识别。但本文的算法等仍有一些需要改进的地方，值得进一步的研究。例如，本文要用到行为数据库的大量数据，但是为了得到满意的模型，还需要大量的训练数据，因此仍然会碰到训练数据不足的问题；此外，由于要进行实验的环境和现实中的列车驾驶环境还是有些差距的，所以本文中的算法和研究思路还需进一步完善和改进。

参考文献

[1] 吴雅萱，李文书，施国生，周涛．疲劳驾驶检测技术研究综述［J］．工业控制计算机，2011，24（8）：44－49.

[2] J. K. Aggarwal and Q, Cai, Human motion analysis：A review, Computer Vision. Image Understanding, vol. 73, no. 3, pp, 428440, 1999.

[3] 孙占虎．基于运动词典的视频事件检测［D］．上海：华东师范大学，2014.

[4] 刘卫．高速公路交通事件监测技术与应用［J］．公路交通技术，2010.

[5] 黄凯奇，陈晓棠，康运锋，谭铁牛．智能视频监控技术［J］．计算机学报. 2014. 37（9）：4－20.

[6] 谭筠梅，王履程，雷涛，王小鹏．城市轨道交通智能视频分析关键技术综述［J］. 计算机工程与应用．2014，50（4）：1－6.

[7] Stauffer C，Grimson W E L. Learning patterns of activity using real time tracking［J］. IEEE Trans on Pattern Analysis and Machine Intelligence，2000，22（8）：747－757.

[8]　苏兵，李刚，王洪元．基于改进高斯混合模型的运动目标检测方法［J］．计算机工程，2012（2）：210－212.

[9]　杨扬．基于视频特征的人体动作识别方法研究［D］．昆明：昆明理工大学．2014.

[10]　黄静，孔令富，李海涛．基于傅里叶—隐马尔科夫模型的人体行为识别［J］．计算机仿真，2011，28（7）：245－248.

[11]　李梅，龚威，贾俊伟．基于视频序列的列车驾驶员行为自动识别算法的研究［J］．天津城建大学学报．2014. 20（3）：220－224.

[12]　钱堃，马旭东，戴先中．基于抽象隐马尔可夫模型的运动行为识别方法［J］．模式识别与人工智能，2009，22（3）：433－439.

[13]　梁鹏华．基于 HMM 的人体行为识别研究［D］．兰州：兰州交通大学．

基于CNN网络的IPTV视频质量评价模型研究

张佳佳　王正友

（石家庄铁道大学信息科学与技术学院，河北石家庄市050043）

Research of video quality evaluation model of IPTV based on the convolutional neural network

Zhang Jiajia, Wang Zhengyou

(School of Information Science and Technology, Shijiazhuang Tiedao University, Shijiazhuang 050043, China)

【摘要】随着带宽中国战略的快速推进、各地省级播控平台的搭建完毕等因素，IPTV的发展开始进入规范化阶段，对IPTV的视频质量评价越来越重要。传统的IPTV视频质量评价方法，主要侧重编码和网络传输方面的评价。本文提出了一个从编码失真、网络传输损伤、视频内容三个方面通过卷积神经网络来评价IPTV的视频质量的方案，并对基于视频内容评价模型作了重点介绍。

【关键词】IPTV　视频质量评价　卷积神经网络

【Abstract】 With the rapid advance of bandwidth China strategy and local provincial broadcast platform construction factors and so on, the development of IPTV is beginning to enter the stage of standardization. The video quality assessment of IPTV is more and more important. The traditional video quality assessment methods of IPTV mainly focus on evaluation of the coding and network transmission. This paper proposes a design plan that it combines with coding distortion, network damage, video content three aspects to evaluate the video quality of IPTV, and through convolutional neural network. It also introduces the assessment model of the classification of video content based on coefficient of interest.

【Keywords】 IPTV　Video Quality Assessment　Convolutional Neural Network

随着宽带技术、信息技术等高新技术的发展，出现了很多新媒体形式。IPTV（internet protocol television）作为三网融合的产物，得到了越来越广泛的应用。它也开始逐渐走进了人们的生活[1]。若想与传统电视相竞争，IPTV需要提供优质的视频服务才能赢得更多的用户。对于服务提供商来说，也迫切需要对IPTV的视频质量进行评估，来获得更大的市场[2]。

IPTV 是集互联网、通信、多媒体、有线网等多种技术于一体，它利用宽带有线电视网的基础设施，以家用电视机作为主要终端电器，通过互联网协议来提供包括电视节目在内的多种数字媒体服务。虽然 IPTV 整体发展情况良好，但也出现了很多问题。比如，有些地区画面的马赛克增多；电视屏幕黑屏等[3]。这些问题的出现都会影响用户的体验质量（quality of experience，QoE）。可见，为了满足人们对于观看的需求和良好的用户体验，对于 IPTV 视频质量的评价也变得越来越重要。IPTV 是一个端到端的系统，在视频压缩编码、信号传输、终端接收等任何一个环节出现问题都可能影响视频的质量。

由于人眼的视觉特性，影响视频质量的各参数之间存在复杂的交互作用，普通的线性关系不能准确表达参数与视频质量之间的关系。卷积神经网络（convolutional neural networks，CNN）具有很好的非线性映射能力。因此，可以通过 CNN 网络来建立各参数与视频质量的关系，将主观与客观结合起来对视频进行质量评价，从而准确地反映人眼对视频质量评价。本文主要提出了用基于 CNN 网络的方法来建立各参数与视频质量的关系的设计方案。

1　视频图像质量评价方法

视频图像质量评价可以分为主观评价方法和客观评价方法，主观评价是由观察者直接观看视频图像并对视频图像的质量进行主观评分，一般采用平均主观得分（mean opinion score，MOS）或平均主观得分差异（differential mean opinion score，DMOS）表示，主观评价结果虽然比较符合图像的实际观察质量，但是该方法受不同的观察者、图像类型和观测环境等因素影响较大，而且工作量大，耗时间比较长。因此，单纯采用主观评价很不方便。

客观评价方法是由电子设备测量视频的参数来进行视频的质量评价。根据评价时是否需要参考视频又可以分为全参考（full reference，FR）、半参考（部分参考）（reduced reference，RR）和无参考（no reference，NR）三类评价方法[4]。全参考评价是需要受损图像序列与原始图像序列进行比较的；半参考只需部分原始图像序列；无参考视频质量评价方法不需要原始的图像序列参考[5]。

2　卷积神经网络

在图像评价研究中，一般采用神经网络的质量评价方法。这个方法是：先提取一定的图像变换域或空间特征，再用基于已知的质量数据训练一个神经网络回归分析模型，由图像特征预测图像质量。近年来，深度学习受到了学者们的广泛关注[6]，并且在计算机视觉等领域取得了很大成就。尤其，卷积神经网络（CNN）在目标识别上面已经显示出了一定的优越性[7]。

卷积神经网络是多层感知机（MLP）的一个变种模型，它是从生物学概念中演化而来的。卷积神经网络是神经网络的一种，已成为当前语音分析和图像领域的研究热点。作为深度学习架构，它是一个训练多层网络结构的学习算法，它能利用空间关系减少需要学习的参数数目以提高一般前向 BP 算法的训练性能。Kang 等[7]采用 CNN 网络将特征提取和回归分析融入同一个网络中对图像进行评价，并证明了该算法的实验结果明显优于其他无参考算法。鉴于卷积神经网络的特点，提出基于 CNN 网络的视频质量评价模型。

3 IPTV 视频质量评价模型设计方案

3.1 基于 CNN 网络的 IPTV 视频质量评价模型

在 IPTV 视频质量的评价过程中，影响视频质量的因素可能出现在任何一个环节，节目制作和压缩算法，网络传输过程出现的丢包、延时、抖动，接收端解码算法以及错误掩盖算法的性能都有可能影响最终的视频质量。虽然影响视频质量的因素很多，但主要包括编解码失真和网络传输失真。在 IPTV 中，广泛采用的是 H. 264 进行编解码，其中帧率 FR、量化参数 QP[8]、运动矢量 MV 等都会对视频的质量产生不同层次的影响。网络传输失真主要包括丢包、延时和抖动等，失真的类型不同对视频质量影响也不同。从观看者角度，视频的内容对视频质量的评价过程也很重要。视频的艺术表现形式、画面快慢等都会影响整个评价质量的。根据上面的分析，提出如图 1 模型来评价 IPTV 的视频质量。

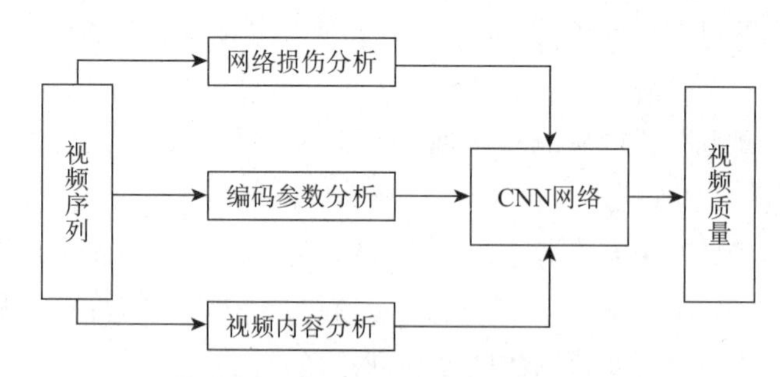

图 1　基于 CNN 网络的 IPTV 视频质量评价方案

首先，分析视频流从网络损伤、编码参数、视频内容三个方面对 IPTV 视频质量进行评价。其次，分别提取各个方面的特征参数，最后，利用 CNN 卷积神经网络建立模型，并对模型进行实验验证，观察结果是否有较好的性能，能否适用于 IPTV 视频质量评估中。

3.2 基于内容的 IPTV 视频质量评价模型

对于不同内容的视频序列，在相同的编码失真和网络失真时，由于人的教育背景、心理感受等各方面的不同，对视频质量的感受也不同。基于内容的视频质量评价研究，采用客观方法提取视频图像的特征，如空间信息（SI）和时间信息（TI）特征[9]，使用它们评价视频质量与主观评价结果较为一致。但忽略了人眼的特性，人眼对图像中不同区域具有视觉的选择性，亮度、灰度等因素都会影响视觉兴趣，这种基于视觉感兴趣区的图像质量评价方法，比较符合主观评价结果。但视频的内容要更多结合心理感受，采用客观仪器眼动仪，判断眼动次数，统计出兴趣系数，可以将视频按兴趣系数来进行分类研究。

根据上述分析，提出图 2 基于兴趣系数的内容分类的 IPTV 视频评价模型。

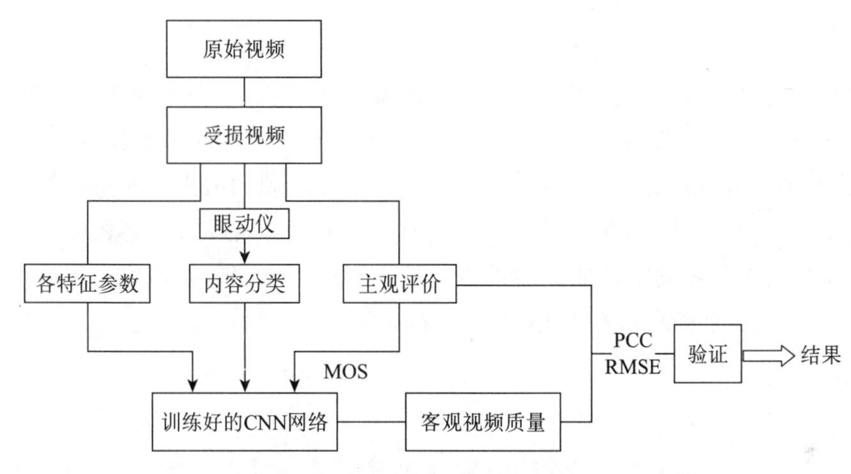

图 2　基于兴趣系数的内容分类的 IPTV 视频评价模型

主观评价采用单刺激评估法（single stimulus methods，SSM）方法进行主观评价实验。选择一些非专家测试者，在严格符合标准的环境中进行测试，采用视频主观质量评分等级标准进行打分，最后计算测试者的平均主观分数 MOS（mean opinion score）值作为视频序列的主观质量分数[10]。

本模型首先采用上述的主观视频评价方法获得受损视频的 MOS 值，从而建立样本数据库，将需要训练的样本数据参数作为输入，训练样本的 MOS 值作为 CNN 网络的目标值；其次对网络进行训练，得到视频质量与各参数间的关系；最后对模型进行验证，得到结果。

3.3　验证模块性能评价

在 ITU 标准中提出了两个反应算法性能标准的重要指标，分别是 PCC（pearson correlation coefficient，皮尔森系数）和 RMSE（root mean square error，均方根误差）[11]。

PCC 计算方法如下：

$$PCC = \frac{\sum_{n=1}^{N}(y_n - \bar{y}(x_n - \bar{x})}{\sqrt{\sum_{n=1}^{N}(y_n - \bar{y})^2 \sum_{n=1}^{N}(x_n - \bar{x})^2}}$$

其中，$\bar{x} = \frac{1}{N}\sum_{n=1}^{N} x_n$，$y_n = \frac{1}{N}\sum_{n=1}^{N} y_n$。

RMSE 计算方法如下：

$$RMSE = \sqrt{\sum_{n=1}^{N}(x_n - y_n)/N}。$$

皮尔森系数 *PCC* 是评价音视频算法有效性的重要指标，它反映了预测值与主观值的接近程度，*PCC* 越接近1表示算法性能越好，最大值为1；均方根误差 *RMSE* 是评价音视频算法的另一个重要指标，它反应了预测值与主观值的偏离程度，*RMSE* 越小表示算法性能越好。

4 小 结

本文提出了CNN网络的IPTV视频评价模型的设计方案，从编码失真、网络传输、视频内容这三个方面评价视频的质量，并重点分析了基于内容的视频质量评价模型。因为人眼对于不同区域的兴趣区不一样，加上观测者心理的因素，在进行视频质量的评价时，对视频质量的敏感度不同。文中提出可以采用客观物理仪器眼动仪，根据眼动的均值确定对视频序列整体的兴趣系数，进而对视频序列分类研究，最后对视频质量进行评价，验证与主观评分的相关性，判断评价模型的优越性。

参考文献

[1] 《电视技术》编辑部．中国IPTV的沉稳发展与蓄势待发［J］．电视技术，2015，39.

[2] 苏佳，姜秀华．IPTV视频质量评价介绍［J］．电视技术，2011，35：78－81.

[3] 吴雪波．用户体验质量测试是IPTV成功的关键要素．http：//www. eccn. com/tech_260_2007073114290075.

[4] 周景超，戴汝为，肖柏华．图像质量评价研究综述［J］．计算机科学，2008，35：1－4.

[5] 王志明．无参考图像质量评价综述［J］．自动化学报，2015，41：1062－1079.

[6] Hou W L, Gao X B, Tao D C, Li X L. Blind image quality assessment via deep learning. IEEE Transactions on Neural Networks and Learning Systems, 2014, 26 (6): 1275－1286.

[7] Kang L, Ye P, Li Y, Doermann D. Convolutional neural networks for no－reference image quality assessment. In: Proceedings of the 2014 IEEE Conference on Computer Vision and Pattern Recognition. Columbus, OH: IEEE, 2014. 1733－1740.

[8] 宋睿，姜秀华，史惠．移动多媒体广播压缩域视频质量客观评价［J］．电视技术，2010，34.

[9] 李蕊．四旋翼直升机姿态运动控制研究基于神经网络的IPTV视频质量评估模型

[D]．陕西：西安电子科技大学，2012.

[10] 姜秀华．数字电视图像质量评价方法［J］．电视技术，2008，32：38－38.

[11] Takahashi. A. Hands. D. Barriac. V. Standardization、Activities in the ITU for a QoE Assessment of IPTV. IEEE Communication Magazine. v01. 46. 2008：78－84.

作者简介

张佳佳（1990—），女，河北省石家庄人，石家庄铁道大学信息科学与技术学院计算机技术专业，硕士研究生，电子邮件：985626051@qq.com，研究方向：图像质量评价。

王正友（1960—），男，湖南人，博士（后），石家庄铁道大学信息科学与技术学院教授，电子邮件：zhengyouwang@stdu.edu.cn，主要研究方向：视频图像处理与质量评价，人工智能与信息融合等。

基于智能视频分析的高铁安防远程监控系统研究

单九思　王正友

（石家庄铁道大学信息科学与技术学院，河北石家庄市 050043）

High - speed rail security remote monitoring system based on intelligent video analysis

Shan jiusi, Wang Zhengyou

(School of Information Science and Technology, Shijiazhuang Tiedao University, Shijiazhuang 050043, China)

【摘要】由于高铁拥有运输效率高，安全性好，能耗低等优点且契合了中国目前的国情，所以现如今高铁已逐渐成为我国运输业中重要的一员。与此同时，高铁具有人流密集、人流量大、突发状况多等不可避免的问题，所以高铁的安全问题已经引起了世界各方的关注。智能视频分析，这是计算机图像视觉技术在安防领域应用的一个分支，是一种基于目标行为的智能监控技术。智能视频分析首先将场景中背景和目标分离，识别出真正的目标，去除背景干扰（如树叶抖动、水面波浪、灯光变化），进而分析并追踪在摄像机场景内出现的目标行为。如有异常行为，将实时画面传输至移动端，方便决策者下达应急指令。提高了高铁安防系统的实效性、智能性。

【关键词】视频分析　远程监控　视频流　传输

【Abstract】 Specialists think high - speed rail fit for our country's current national conditions, because it has a lot of advantages such as high efficiency, good security, low energy consumption. At the same time, the high - speed rail 's inevitable problems has caught the attention of the world such as crowded, traffic, emergency. Intelligent video analysis, this is a branch of security in computer image vision technology, is a kind of intelligent monitoring technology based on the target behavior. First, intelligent video analysis need to separate background and target from the scene, identify the real goal, and to remove background interference jitter (such as leaves, surface wave, the light changes), then analysis and track the action in camera scenes. If there are any abnormal behavior be, the system will transmit the real - time video to the mobile, leader can make some decision at first time according to this video . This solution improves the effectiveness and intelligent of high - speed railway security system.

【Keywords】 Video Analysis　Remote Monitoring　Video Streaming　Transmit

1 引　言

在“一带一路”战略指引下，高铁已经成为中国走向全球的名片。随着中国经济的快速发展以及科技水平的高速推进，中国高铁正迅速崛起，业内人士表示，“中国高铁”这一名牌在世界的认知度也正逐步的提升。李克强总理在英国、罗马尼亚、泰国、埃塞俄比亚等国家的国际贸易交流中，主动推介中国的高铁技术。“中国高铁”变成中国人手中的一张“王牌”，高铁的技术与需求正在国际舞台上发挥影响，也加强了中国与世界国际贸易战略大合作的力度，中国高铁也将趁此契机冲向世界。随着我国高铁“走出去”的进一步实施，对高铁安防领域的要求就越来越严格。

高铁具有人流密集（见图1）、疏散困难、政治影响较大等特点，它的安全运营已成为社会各界高度关注的问题。高铁的安全防范系统是解决上述问题的主要途径，该系统主要包括视频监控系统、入侵报警系统、门禁系统、电子巡查系统以及危险品、有毒气体、易燃物的检测系统等。其中视频监控系统通过对候车大厅、售票厅、站台等区域进行实时监控，利用智能视频分析技术对监控视频进行处理，实时发现各种安全隐患，并且可以根据客流密度等数据信息，做出客流拥堵程度的实时判断，生成相应的预警信息以及相应的应急预案，降低事故的发生概率，保证高铁运行的安全性[1]。类似高铁这种需求的轨道运输亦是如此，例如，青藏铁路、北京地铁5号线、北京航空信息中心、北京地铁13号线、首都机场及多条在建轨道交通项目，均采用或计划使用智能视频分析技术[2]。

图1　拥挤的候车大厅

2 视频事件检测的方法及方案设计

2.1 运动目标检测——背景差分法

运动目标检测是高铁智能视频分析的基础。其主要工作是从监控视频图像中将变化区域（人、车、物等）从背景中提取出来。可以用于分析乘客在排队购票以及上下车时在车门处的拥挤程度，是否有误伤情况，根据需要进行客流疏导，保证运营安全。运动目标检测最普遍的算法有三种：帧间差分法、背景差分法和光流法。在此次研究的方案中计划采取背景差分法来对运动目标进行检测。在背景建模方法中，主要分为自适应背景建模和非自适应背景建模。自适应背景建模是指获得的背景图像能够跟随场景的变化而进行自适应更新；非自适应背景建模是指获取的背景图像不能跟随场景的变化而进行自适应更新。因此，在复杂的背景环境下，如站台准备上车的乘客，采用基于自适应背景建模的背景差分法检测能够准确而快速地检测出目标。在相对简单、静止的背景环境下，如候车大厅等候的乘车的乘客，采用基于非自适应背景建模的背景差分检测法便可以检测出目标。

针对背景图像更新缓慢和初始背景图像获取困难等问题，Chris Stauffer 等人于1998 年提出基于混合高斯模型（Gaussian Mixture Model）的背景建模方法[8]。它是一种基于模型的无监督聚类方法[9]。这种方法在无须预先对像素点采样值做类别标记的前提下，采用在线 K－Means 近似方法，使像素点的采集值与已知混合高斯模型之间达成最佳拟合，从而对像素点进行分类，并提取背景图像。混合高斯背景建模方法有效地解决了提取的背景图像无法适应光线变化和背景中存在运动等问题。在该方法中，研究人员首先采用由多个高斯分布加权组成的混合高斯模型为视频图像中各像素点的采样值建模，将像素点分为背景和前景两大类，从而提取出背景图像。然后，采用一种名为在线 K－Means 近似（on－line approximation）算法实时更新背景模型。实验表明，该方法可以适应场景光线缓慢变化和背景存在运动物体（例如，背景中存在摆动的树木）等情况的发生[8]。混合高斯背景建模被认为是经典的背景建模方法，一经提出便受到了广泛关注与应用，该方法的中心思想更成为此后一些背景建模方法的指导思想[3]。

背景差分法的主要优点是：（1）实现步骤简单、运算速度快、适应性强、实时性较高。（2）通过背景建模可以准确而快速地提取背景图像，并通过差分运算检测出运动物体，因此抑制了复杂背景对检测效果地影响，实用性较强。（3）无须预先采集场景信息，并且对采集图像的要求较低（灰度图像或彩色图像均可），适用范围较广。考虑到该方法所具有的优点，背景差分检测法有望解决在复杂背景下检测目标物体的问题。

2.2 行为识别与异常行为判定

运动目标检测、分类和跟踪属于智能视频分析中的底层和中层处理部分，而行为识别是一个模式识别问题，将测试序列（即流动的人员）与预先标定的代表典型行为（即一些非正常动作与行为）的参考序列进行匹配，以确定测试序列的行为类别，并判断该行为是否属于异常行为，其属于轨道交通智能视频分析的高层处理部分。在高铁智能视频监控中，行为识别与理解主要是对人体的行为理解与识别。人体行为识别的方法主要有模板匹配法和状态空间法。

行为分析不仅要识别出人的行为，还要结合所处的环境理解、学习人的行为。高铁乃至于轨道交通中异常和危险行为，如打斗、抢夺和突然倒地等行为的检测和判定可以用于犯罪嫌疑分子的发现和犯罪事件的控制；用于突发病人的发现与及时救治。对特殊行为的分析尤为重要，例如，非工作人员在敏感区域的拍照录像行为；破坏公共物品的行为；甚至暴徒的过激行为等。依据对人的行为的描述，来判断行为是正常行为（指轨道交通视频监控所规定的行为）还是异常行为。与正常行为相比异常行为往往具有突发性大、不可预知、持续时间短、无周期性、对周边影响较大等特点，因此，人体异常行为识别的关键是如何从学习样本中获取参考行为序列，并且学习和匹配的行为序列必须能够处理在相似的运动模式类别中空间和时间尺度上轻微的特征变化[4]。1998 年 Grimson[10] 首次提出了一种异常行为检测的算法，开始了智能视频监控中异常行为检测的研究。对于高铁中的智能视频监控系统来说，主要是针对特定的场景进行异常行为检测，可用的方法有基于模型的异常行为检测方法[11]和基于相似度的异常行为检测方法[12]。

2. 3 视频分析模块的方案设计

高铁安防监控系统的智能视频分析大致分为三个步骤：（1）前期工作主要是对摄像机传来的视频流进行预处理，包括去抖动、去噪、图像增强、阴影抑制、背景建模等。（2）智能视频分析的中期工作主要包括各种目标的检测、识别、分类和跟踪，是智能视频分析的关键。目标检测将目标从视频图像的背景中分割提取出来，以备后续步骤的使用。（3）智能视频分析的后期工作通过建立异常行为模型，对检测目标的运动行为进行语义分析和自然语言描述，判别出异常行为将会报警并将实时视频传输至决策者的移动设备中（见图 2）[5]。

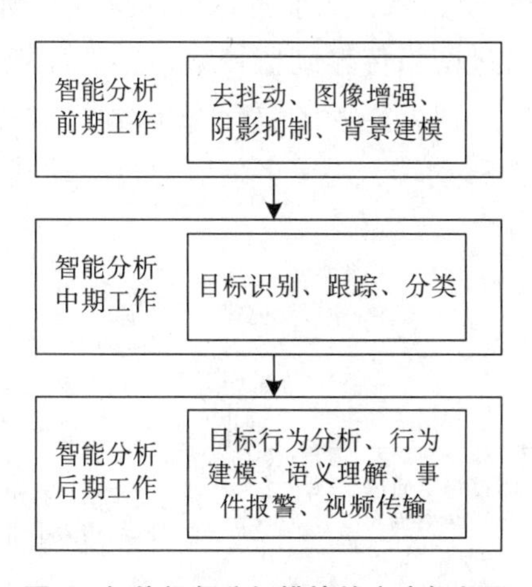

图 2 智能视频分析模块的方案框架图

3 移动端实现远程监控的设计方案

在高铁安防系统中，如若监测到异常状况，领导的决策与相应的应急预案就显得格外重要。让领导一天不间断地待在监控室肯定不现实，但如果把监控室搬到领导的移动设备上来，问题就迎刃而解了。移动设备具有携带便捷、保密性强、即时性高等特点，因此，当领导的手机可以接收到从控制室传来的异常状况的即时监控信息，领导可以第一时间做出决策，减少状况带来的不利影响，提升安防能力。

3.1 方案设计

（1）监控地点：站台、候车大厅、票务室等人流量较大的地方。

（2）监控设备：多为一体化球机，即覆盖范围大，可以跟踪移动目标。辅以固定摄像机，可以监视设定区域的目标，如图 3 所示。

图 3　候车室一体化球机摄像头

（3）方案设计：共分三个区域：①监控区，即摄像头所监控的区域。②监控室，即摄像头拍摄的视频信息通过网络传输到监控室，通过智能分析及处理，可以判定异常行为。③移动端，当监控室判定监控区域行为异常时候，便会自动传输当前监控画面及异常状况“诊断书”至移动端，决策者便可通过移动端进行方案的决策以及指令的传达，如图 4 所示。

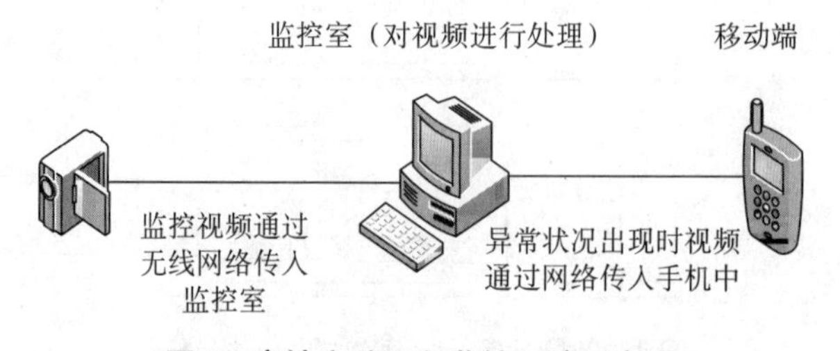

图 4　高铁安防远程监控系统示意图

3.2　可行性分析

这里主要讨论，PC 端与手机（安卓）端之间的信息传输问题，PC 端为服务器端，手机端为客户端。传输方式有两种：第一种是通过 WCF（一种支持数据通信的应用程序框架），服务器端将视频或者图片看做一个文件流，通过网络传输，客户端（移动端）调用通过 WCF 创建的接口来获取这个文件流，完成解析读取。第二种是自主编码方式，整个传输过程大致分为：服务器的实时视频流采集、压缩编码、传输、解码、视频播放[6]。

（1）压缩编码：

方法一：不编码，直接通过 Socket 传输原始 YUV420SP 视频帧。

方法二：JPEG. 将原始 YUV420SP 视频帧压缩转换为 JPEG 格式，JPEG 传输。

方法三：H. 264/AVC. 将原始 YUV420SP 视频帧压缩成 H. 264 再传输。常见的基于 H264 的开源 Encoder 有 JM、X264、T264、Hdot264 等。

方法四：MPEG4. 将原始 YUV420SP 视频帧压缩成 MPEG4 再传输。

（2）传输：

方法一：Socket 传输。

方法二：HTTP 传输。

方法三：RTP/RTSP 传输。

方法四：流媒体服务器方式，如 live555 等。

（3）解码：与编码对应的的解码器。

（4）视频播放：

方法一：通过 Android VideoViewAndroid。

方法二：通过 Android MediaPlay。

方法三：通过 Canvas 直接粘贴帧图。

3.3　预期采用方法

上文已经提到了 PC 端与手机端之间信息的传输有多种方案，这需要实地调研以及大量的实验去验证哪种方案效果最佳，要考虑到即时性、稳定性以及流量消耗等一系列问题，选出一种最合适，最符合实际需求的方案。

就目前而言，通过 http 传输视频是首选方案，即手机与 PC 端通过网络传输视频，这需要手机必须处在无线网络或者 4G 信号中才可以及时接收到实时画面[7]。安卓端的核心代码如下：

```
private WebView mWebView = null; //用于显示结果，用载入 html 字符串的方式显示响应结果，而不是使用 WebView 自己的方式加载 URL
// 响应
private HttpResponse mHttpResponse = null;
// 实体
```

```
    private HttpEntity mHttpEntity = null;
    //生成一个请求对象
    HttpGet httpGet = new HttpGet ("http://www.baidu.com/");
    // 生成一个 Http 客户端对象
    HttpClient httpClient = new DefaultHttpClient ();
    // 下面使用 Http 客户端发送请求，并获取响应内容
    InputStream inputStream = null;
    try
    {
        // 发送请求并获得响应对象
        mHttpResponse = httpClient.execute (httpGet);
        // 获得响应的消息实体
        mHttpEntity = mHttpResponse.getEntity ();
        // 获取一个输入流
        inputStream = mHttpEntity.getContent ();
        BufferedReader bufferedReader = new BufferedReader ( new InputStreamReader
(inputStream));
        String result = "";    //接收到的视频地址
        String line = "";
        while (null != (line = bufferedReader.readLine ()))
         {
            result += line;
        }
    }
```

原理是将视频看作一个流，PC 端传送视频流，手机端接收视频流，将其解码后播放在手机端的播放器中（播放器需用代码完成），用户根据视频信息对 PC 端做出相应的“指示”，这个指示同样通过 http 传输至 PC 端。

4 结 论

本文将智能视频处理技术以及与移动端通讯技术，应用于高铁安防系统，使得人流多而杂的高铁领域中的安全问题得到了有力保障，对应急措施的及时执行提供实现的可能。系统通过高清摄像头拍摄到的实时视频信息，经过目标检测分类、目标跟踪、行为识别等一系列处理，监测高铁站台、候车室等人员众多的地方有无异常行为，这个异常行为的规定以及在众多人员中的识别是两大难点，需要选择合适的方法，在接

下来的研究与试验中将其作为着重研究的重点。当发生异常状况后，通过服务器将实时画面通过网络传输至决策者的移动设备中，方便决策者在第一时间发布应急预案，将事件的影响降至最低。本文对于实时视频的传输列举了几个方案，介于研究仍处于起步阶段，还没有对这些方案进行验证，因此，还不能确定一个最有效、最经济的方案。但是，可以肯定基于智能视频处理的高铁安防系统配合移动端的使用这一途径将成为安防领域的大势所趋。

参考文献

[1] 谢征宇，董宝田．基于视频监控的高铁客运枢纽行人安全预警系统研究［J］．物流技术，2011（4）：95－96.

[2] 赵晖．智能视频分析在城市轨道交通监控中的应用浅析［J］．铁路通信信号工程技术，2008（5）：35－36.

[3] 张伟．基于视觉的运动车辆检测与跟踪［D］．上海：上海交通大学博士学位论文，2007.

[4] 谭筠梅，王履程，雷涛等．城市轨道交通智能视频分析关键技术综述［J］．计算机工程与应用，2014：1－6. DOI：doi：10. 3778/j. issn. 1002－8331. 1306－0015.

[5] 董宏辉，葛大伟，秦勇等．基于智能视频分析的铁路入侵检测技术研究［J］．中国铁道科学，2010（3）：121－125.

[6] 吴晓佳，叶桦，苏雅等．基于 Android 手机的实时视频传输和解码 Real－Time Video Transmission and Decoding Based on Android Mobile Phone［J］. Software Engineering \ s& \ sapplications，2013，02：104 － 108. DOI：doi：10. 12677/SEA. 2013. 25019.

[7] 童方圆，于强．基于 Android 的实时视频流传输系统［J］．计算机工程与设计，2012，33（12）：4639－4642. DOI：doi：10. 3969/j. issn. 1000－7024. 2012. 12. 043.

[8] C. STAUFFER，W. E. L GRIMSON. Adaptive background mixture models for realtime tracking［J］. In Proc IEEE Computer Society Conference on Computer Vision and Pattern Recognition（Cat. No PR00149）. 1999，2.

[9] J. WU，X. ZHANG，J. ZHOU. Vehicle detection in static road images with PCA and wavelet－based classifier［J］. In Proc. IEEE Intelligent Transportation Systems Conf.，Oakland，CA，2001：740－744.

[10] Grimson W E L，S tauffer C，Romano R，et al. Using adaptivetacking to classify and monitor activities in a site［C］//Proceedings of IEEE Conference on Computer Visionand Pattern Recognition，Santa Barbara，California，USA，1998.

[11] Russo R，Shah M，Lobo N. A computer vision systemfor monitoring production of fast food［C］//Proceedings of the 5th Asian Conference on Computer Vision,

Vancouver Melbourne, Australia, 2002.

[12] Boiman, Irani M. Detecting irregularities in images and in video [C] //Proceedings of the Tenth IEEE International Conference on Computer Vision. Beijing, China: IEEE, 2005: 462 - 469.

基于爬行器的混凝土桥梁裂缝图像的采集与分析

刘洪公　王学军

（石家庄铁道大学信息科学与技术学院，河北石家庄市 050043）

The Acquisition and Analysis of the Concrete Bridge Crack Image Based on Crawler

Liu Honggong, Wang Xuejun

(School of Information Science and Technology, Shijiazhuang Tiedao University, Shijiazhuang 050043, China)

【摘要】在桥梁建设工程中，设计、施工和使用等方面的原因使混凝土结构产生裂缝，影响其美观、使用和耐久性。当裂缝宽度达到一定的限度时，还可能危及桥梁的安全。因此，裂缝问题是一个安全部门高度关心的问题。传统测定裂缝长度、宽度的方法是人工目测，其主观性较大，且精度和效率较低。本文结合计算机技术，提出一种通用性、信息化、智能化的裂缝检测新方案。该方案利用爬行器采集裂缝图像信息，通过 GPRS 无线通信技术来传输数据，并根据所获取的数据对裂缝信息进行记录和分析，进而对桥梁健康状态进行预警。该方案的研究为混凝土桥梁检测提供了一种新思路，有利于桥梁安全的有效监控，预防灾难性事故的发生，确保人民的生命和国家财产的安全。

【关键词】混凝土桥梁　裂缝　爬行器　图像

【Abstract】In the bridge construction engineering, the concrete structure crack is always produced due to many ways, such as: design, construction, use, etc. The crack width on the surface obviously affects not only the appearance of the reinforced concrete structure, but also the durability of construction. When the crack width reaches a certain limit, it may endanger the safety of the bridge. Therefore, the crack problem is highly concerned by security sector. The traditional method of determination of crack length and width is artificial visual, which is subjectivity, and the precision and efficiency is low. In this paper, a new idea of crack detection is proposed, which is based on computer technology. The scheme uses the crawler to collect the crack image information, transmits data using GPRS wireless communication technology, finally records and analyzes the crack information according to the acquired data. The research provides a new method for the detection of concrete bridge, which is beneficial to the effective monitoring of bridge safety, preventing the occurrence of catastrophic accidents, and ensuring the safety of people's lives and state property.

【Keywords】Concrete Bridge　Crack　Crawler　Image

目前关于混凝土桥梁裂缝的检测方法大致包括目测法、声发射法、摄影法等多种无损检测技术。目测法是把目测结果绘成草图，用刻度尺、放大镜等量测裂缝宽度，这需要大量的人力和时间，且精度不高。目前经常使用的裂缝观测仪等通过将图像放大，然后利用屏幕上的刻度尺通过目测来读取宽度，主观性大，且测量全场的宽度较困难。声发射法可检测出裂缝的位置、大小、扩展情况、种类和深度，但只适用于正在发生的裂缝。摄影法主要用作调查混凝土表面发生的裂缝，包括用普通相机、录像机、放射线、红外线摄影等进行检测。随着检测技术的进步，传统的人工测定裂缝的长度、宽度的方法，由于其人员主观性较大，且精度和效率较低，将逐渐被新的方法所代替，其他检测方法也逐渐显现出各自的缺陷[1,2]。而随着计算机图像处理技术的不断发展，它已深入到水泥基材料裂缝的定量评价中，并发挥出非接触、相对便捷、直观和精确的优势。通过数字图像处理技术可以得到图像在任意区域或全场的特征数值[3,4,5]。

本设计方案采用先进人造壁虎仿生脚干性粘合剂爬行器，搭载CCD摄像头，通过GPRS无线通信模块，传输数据给接入Internet的计算机[6-9]。在PC机端安装用Matlab开发的图像分析系统，将采集的裂缝图像信息通过图像预处理、边缘检测技术获得裂缝清晰轮廓，最后应用水平标尺法和最小距离法计算出混凝土桥梁裂缝的宽度并保存数值信息，为桥梁健康检测提供历史数据[10,11]。这种移动式检测方法的特点是移动性好，采集的数据可以覆盖整座桥梁，而且随着图像采集设备和图像处理技术的不断发展，检测效率和准确率都飞速提高，成为混凝土裂缝识别技术的主要发展方向。基于图像处理的裂缝自动识别方法可快速地获取裂缝数据，有利于对桥梁安全进行客观评估，目前在许多病害检测领域已得到应用。因此，本文将应用图像处理技术，根据混凝土桥梁裂缝图像的特点提出一种高效可行的检测方法。同时可以以此为基础，构建混凝土桥梁裂缝分布数据库，通过对比历史数据，分析裂缝的发展趋势并及时做出预警、指导及时的桥梁维修。

1 图像采集系统：桥梁爬行器

传统爬行器按吸附功能可分为真空吸附和磁吸附。真空吸附法具有不受壁面材料限制的优点，但当壁面凸凹不平时，容易使吸盘漏气，从而使吸附力下降，承载能力降低。磁吸附法以电磁体式维持吸附力，需要电力，但控制较方便。永磁体式不受断电的影响，使用中安全可靠，但控制较为麻烦。磁吸附对壁面的凸凹适应性强，且吸附力远大于真空吸附，不存在真空漏气的问题，但要求壁面必须是导磁材料，因而限制了爬行器的应用环境。本文采用的是一种具有粘性脚足的壁虎状爬行器。壁虎爬行器足底有数百万个极其微小的毛发，借助这些毛发，它就能飞檐走壁。每根毛发通过一种称为范德瓦尔斯力的分子间力吸附在墙壁，从而令足底粘在上面。该吸附装置适应于各种材质和任意形状的表面。壁虎爬行器称为“粘虫”（stickybot），由美国斯坦福大学教授马克·库特科斯基的研究小组开发，足底长着人造毛（由人造橡胶制成）（见图1）。这些微小的聚合体毛垫能确保足底和墙壁接触面积大，进而使范德瓦尔斯粘性达到最大化。

该图像采集系统采用壁虎机器人搭载CCD摄像头，典型CCD的结构如图2所示。CCD图像传感器全名叫电荷耦合器件（charge couple device），是摄像机、数码相机和图像扫描仪等设备中的成像器件，它能将光学图像转换成相应的电信号输出。CCD的优点是自扫描、动态范围大、光谱响应范围宽、功耗低、寿命长等。它的基本工作过程是信号电荷的产生、存贮、传输和检出。

图1 美国斯坦福大学开发的壁虎机器人

图2 CCD摄像头单板机

2 数据传输系统：GPRS无线通信

目前，远程监控采用的数据传输方式分为有线、无线两种。有线传输通常是租用电信部门的电话线、光缆来传输，这种方式传输质量不高，线路维护工作量大，一般只适用于小范围的远程监控系统；另外有线传输还可以采用专线方式，虽然可以保证其传输信号的质量，但专线铺设造价和维护成本都太高，已不能满足现阶段桥梁健康监测系统分布式数据采集、实时数据处理分析、网络资源共享及其移动性要求。

2.1 GPRS无线通信技术

通用分组无线业务（general packet radio service，GPRS）是在GSM系统上发展而来的一种较为成熟的数据承载服务，为传统电信的语言用户提供基于分组交换的数据业务。GPRS与GSM在调频规则、TDMA帧结构、无线调制标准、突发结构、频带等方面均保持相同，无须电路交换网络，支持端到端分组转移模式下的数据发送和接收。GPRS为广大用户提供了高效、低成本的无线数据分组业务，尤其适用于突发、间断性和少量、频繁的数据传输，对一些偶尔的大数据量传输也较为适用。

GPRS技术使得混凝土桥梁裂缝采集和分析系统利用因特网实现远距离数据传输和监控成为可能，理由如下：

登录快：登录互联网的连接时间较短，只需要一个激活过程，通常为1~3s。

持续在线：由于登录仅需激活，GPRS客户断线后不需要重新拨号，这样可以随时与网络保持联系。

收费灵活：可按时间或流量收费，当桥梁监测信息较少时，可选择按流量收取费用，没有数据传输时，即使在线也不收费，从而节省了费用。

成本较低：GPRS服务无论是终端还是服务的价格已经降到了可以接受的水平，随着产业的成熟成本还将继续下降。

覆盖较广：依托广泛应用的GSM网络，GPRS能够在各类难以铺设通信线缆的桥梁建设地点安装。

高速传输：GPRS网络具备较大的无线带宽，单个GPRP数据传输的带宽可达170kbps。

2.2 GPRS流控设计

由于网络传输协议在封装用户数据时会添加必要的荷载，持续密集的发送不但不必要，在链路带宽有限的情况下有时还会造成拥塞。本文提出设计流控的方法来缓解这种现象。桥梁现场的数据发送和监控中心的数据接收采用中断来实现流控。具体做法是采用定时器设置发送间隔，即接收一个数据后，如果在一定时间内没有接收到下一个数据则要求发端立刻发送数据；否则，等到接收的数据到达某个阈值后再发送。GPRS的流控功能设计图如图3所示。

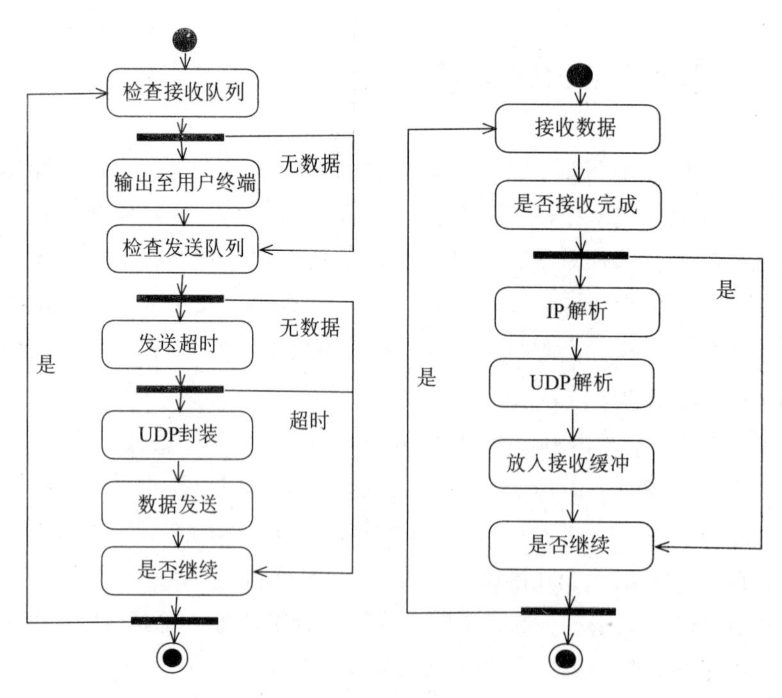

图3 GPRS流控设计图

为了减小不必要的流量，考虑正常交通条件下桥梁的状态参数变化十分缓慢，为了排除突发事件和随机干扰等因素，得到最需要的结构参数等信息，准确捕捉可能导致危险的信号，数据采集过程应能支持持续采样和触发式间隔采样两种方式。

3　数据分析与存储：图像分析系统

采用C++语言编程，根据面向对象的编程思想，以MFC标准来设计主控界面，以Win32多线程编程技术为核心，实现裂缝检测的功能。

3.1　裂缝图像预处理

移动图像采集过程中，由于输入转换器件及周围环境的影响等，如光强度的波动，传送带的轻微抖动，裂缝周围的污物等，常使获得的数字图像上含有各种各样的噪声和失真，为了便于后续的图像分析和理解，必须对图像进行预处理，矫正失真，消除噪声或将图像变换为易于后续处理的形式。图像预处理是图像分析前的重要工作，其目的是为了提高图像的质量，内容包括图像增强（如灰度变换、对比度增强、平滑、锐化）和图像恢复。图像恢复的任务是使退化了的图像去掉退化因素，以最大的保真度恢复成原来的图像。它通过研究退化源，建立退化模型，然后施加相反的过程，恢复原始图像。图像增强是裂缝图像预处理的重要内容，从增强处理的作用域出发可分为两大类：（1）空间域处理：直接面对图像灰度级作运算。（2）频率域处理：对图像的变换系数进行修正，然后通过逆变换获得增强图像。本设计方案所采用的增强算法均是在空间域中对图像进行处理的。

分析混凝土桥梁裂缝的特征发现，裂缝一旦形成，则其长度一般较长，可以对其进行分段采集与分析，然后根据需要确定全场或局部的特征值。运用了一种新的图像增强算法即SFC（sharp filter contrast）结合法。该方法对图像有较好的增强效果，特别是对于裂缝图像，它不但可以有效地去除噪声，同时还能锐化边缘、提高图像的对比度，把裂缝和背景较好地分离开来。SFC结合法的算法思想及处理效果如下：

（1）首先利用改进的直方图灰度拉伸法进行对比度增强，该方法是对传统的直方图灰度变换和灰度均衡的改进。它使亮区域更亮，暗区域更暗，有效地改善了图像的对比度。设图像为$f(x,y)$，定义$g(x,y)$为$f(x,y)$利用该算法进行对比度增强后所得到的图像，则该算法可表示成如下形式：

$$g(x,y)=\begin{cases}0 & f(x,y)\leqslant a\\ 255 & f(x,y)\geqslant b\\ 255\times\dfrac{f(x,y)-a}{b-a} & \text{其他}\end{cases}\tag{1}$$

其中a为直方图中亮区域灰度阈值，b为暗区域的灰度阈值，当某点灰度值小于阈值a时，则令该点灰度值为零，即使该点更暗。当某点的灰度大于阈值b时，则令该点灰度值为255，即使该点更亮。最后将处于两阈值之间的灰度级在0到255之间进行均衡。

利用该对比度增强算法对原始图像进行多次处理，可获得较好的效果。在SFC结合法中先用该算法连续处理十次。

（2）接着对图像进行四领域平均平滑十次和拉普拉斯锐化一次。重复这步操作五次。

（3）再利用上面改进的直方图拉伸法对图像进行十次对比度增强。

（4）最后对图像分别进行五次四领域平均平滑和十五次上述改进直方图拉伸法进行对比度增强处理（见图4）。

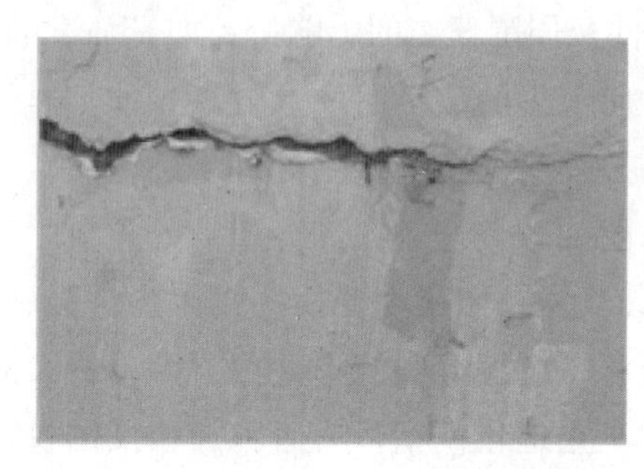
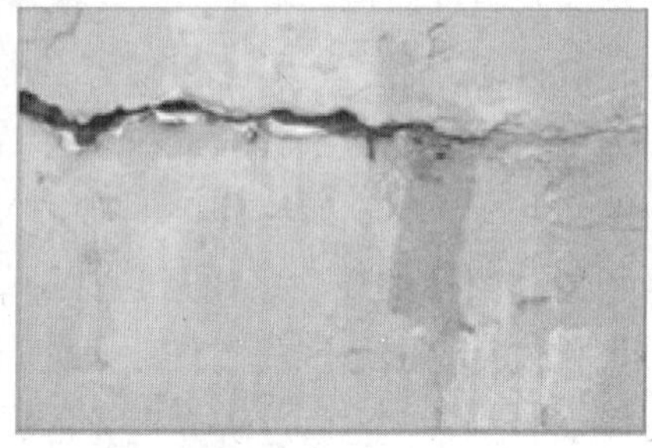

图4　裂缝图像及对应的增强效果图

以上即是SFC结合法算法步骤及图像处理效果，该算法在图像分析系统中是通过子程序sfcmethod（）来实现的，它实际上是对传统的一些算法的改进和巧妙的融合。该算法的优越性已得到了实验的验证，具有处理方便、效果好、适用范围广、失真度小等优点。对于裂缝图像，SFC结合法更加显示其优越性。

3.2　裂缝图像边缘检测

图像最基本的特征是边缘，所谓边缘是指其周围像素灰度有阶跃变化或屋顶状变化的那些像素的集合，它存在于目标与背景、目标与目标、区域与区域、基元与基元之间。确定图像中的物体边缘的一种主要方法是先检测每个像素和其直接邻域的状态，以决定该像素是否处于一个物体的边界上。具有所需特性的像素被标为边缘点。当图像中各个像素的灰度级用来反映各像素符合边缘像素要求的程度时，这种图像被称为边缘图像或边缘图。它也可以用仅表示了边缘点的位置而没有强弱程度的二值图像来表示。对边缘方向而不是（或附加于）幅度进行编码的图像叫做含方向边缘图。对裂缝类病害的检测过程中，边缘检测算法的好坏会在很大程度上影响检测的效果与精度。

多边缘的检测常借助空域微分算子进行，通过将其模板与图像卷积完成。两个具有不同灰度值的相邻区域之间总存在灰度边缘。灰度边缘是灰度值不连续（或突变）的结果，这种不连续常可利用求导数方便地检测到。一般常用一阶和二阶导数来检测边缘。

像测量系统的测量原理是通过处理被测物体图像的边缘而获得物体的几何参数。

可见在图像测量系统中，图像边缘提取是测量的基础和关键。早期常用像素级边缘提取方法，主要是上面述及的一些经典的边缘提取算子算法，如常用的梯度算子、Lapalacion 算子、Kirsch 算子和门式算子等包括上面提出的基于灰度阈值的边缘提取方法。这些算法的精度为一个像素精度，即能判断出边缘在哪个像素内，至于更准确的位置，这些算法就不能判断了。随着测量精度要求的提高，像素级提取已经不能满足实际测量的需要。因此，更高精度的边缘提取算法，即亚像素算法，已经得到了人们的关注。亚像素级精度的算法是在经典算法的基础上发展起来的，这些算法需先用经典算法找出边缘像素级精度的位置，然后使用周围像素灰度值作为判断的补充信息，使边缘定位于更加精确的位置。

3.3　裂缝图像宽度的计算分析及存储

本文对混凝土结构表面的裂缝一般是进行分段采集，且使裂缝尽量与水平方向垂直。针对这种裂缝图像的特点，这里提出了两种计算裂缝宽度的方法即水平标尺法和最小距离法，下面将分别予以介绍。

3.3.1　水平标尺法

由于采集的裂缝图像中，裂缝一般是与水平方向近似垂直的，所以通过这里水平标尺法可以很方便的得到裂缝宽度特征值。该算法在本文软件设计程序中是通过子程序 horivalueofn（）来实现的算法如下所述：

（1）将采集来的裂缝图像先进行格式转换和颜色转换。

（2）通过前面的 SFC 结合法对裂缝图像进行增强处理，得到高质量的图像。

（3）利用区域填充方法，将裂缝的内部进行填充操作，将内部点的灰度值赋零。

（4）利用前面提出的灰度差阈值法取得裂缝边缘的坐标值。

（5）利用基于水平划线法的改进的重心法亚像素提取方法对裂缝边缘进行亚像素定位。

（6）根据水平方向左右边缘点的坐标，利用水平坐标差值而得到每行裂缝的宽度值，可表示为：

$$wi = |xi + 1 - xi| \tag{2}$$

其中，w_i第 i 行的裂缝宽度值，x_i是第 i 行裂缝左边缘的水平坐标值，x_{i+1}是第 i 行裂缝右边缘的水平坐标值。

（7）　计算裂缝宽度的平均值和最大值，表示为：

$$\overline{w} = \sum_i wi/n \quad w_{max} = \max(w_i) \tag{3}$$

其中，w_i第 i 行的裂缝宽度值，$\overline{w}$ 是所选裂缝区域的平均裂缝宽度，n 是所选计算区域的行数。w_{max}是所选裂缝计算区域的最大裂缝宽度。

3.3.2　最小距离法

由于采集的裂缝图像中，裂缝一般是与水平方向近似垂直的，但往往由于裂缝的不规则或采集时操作问题，实际的裂缝并不是严格与水平方向垂直的，此时如果使用上面的水平交叉法将会带来一定的误差。为了克服这些问题，这里提出了计算裂缝宽度的另一种方法即最小距离法。该算法在本文软件设计程序中是通过子程序Vertwayofnot（）来实现的。算法如下所述：

（1）—（5）步的操作同前面的水平交叉法。

（6）水平方向左右边缘点的坐标，先从首行开始，利用左边缘点的坐标分别与右边缘的各坐标点利用高等数学中的两点间的距离公式计算。算出距离最小的值作为该行的裂缝宽度值，可表示为：

$$wi = \min(\sqrt{(xi - xk)^2 + (yi - yk)^2}) \qquad k=0, 1, 2, \cdots \tag{4}$$

其中，w_i第 i 行的裂缝宽度值，（x_i，y_i）是第 i 行裂缝左边缘的坐标值，（x_k，y_k）是第 k 行裂缝右边缘的坐标值。

（7）按照第（6）步的方法依次算出每行的裂缝宽度值，然后计算裂缝宽度的平均值和最大值，表示为：

$$\bar{w} = \sum_i wi/n \qquad w\max = \max(wi) \tag{5}$$

其中，w_i第 i 行的裂缝宽度值，$\bar{w}$ 是所选裂缝区域的平均裂缝宽度，n 是所选计算区域的行数。w_{max}是所选裂缝计算区域的最大裂缝宽度。

4 结　论

本文在分析混凝土桥梁裂缝的特点基础上，提出了一种智能化裂缝图像采集分析方案。其中包括硬件部分的爬行器图像采集技术和软件部分的裂缝图像分析系统。在详细分析混凝土桥梁裂缝的预警意义及安全限度的基础上，结合桥梁爬行器和 GPRS 无线通信技术，提出了一种适合混凝土桥梁裂缝采集的移动性、智能化检测方案，并且讨论了系统各部分的具体设计原则和部分实现细节，同时包括采集数据的分析，通对混凝土结构表面裂缝宽度进行定量分析的数字图像处理算法研究及其软件的设计。利用编制的软件使观察裂缝更加直观化，缩短了处理时间，提高了效率和精度，进而为工程中正确判断混凝土桥梁的状态及提出科学合理的处理方案提供了依据。

参考文献

[1] 钟铭，王海龙．混凝土结构裂缝问题的研究进展［J］．国防交通工程和技术，2003，26 -27.

[2] 许建军．桥梁结构健康监测实时数据采集系统设计［D］．武汉理工大学，2008.

[3] 黄方林，王学敏，陈政清等．大型桥梁健康监测进展［J］．中国铁道科学，2005，26（2）：1 -7.

[4] 龚声蓉，刘纯平，王强．数字图像处理与分析．北京：北京清华大学出版社，2006，1（7）：2-3，177.

[5] 吴浩，姚燕等．数字图像处理技术在水泥混凝土研究中的应用［J］．混凝土与水泥制品，2007，4（8）：8-10.

[6] 王荣华．爬壁机器人设计及动力性能研究．沈阳：沈阳工业大学，2007.

[7] 王田苗，孟偲，官胜国等．柔性杆连接的仿壁虎机器人结构设计［J］．机械工程学报，2009，45（10）.

[8] 莫国影，左敦稳等．基于CCD图像的表面疲劳裂纹检测方法［J］．机械制造与自动化，2008，37（6）：55-57.

[9] 唐亚鸣，丁立波，张河．桥梁健康无线监测系统［J］．土木工程学报，2005，38（7）：71-73.

[10] 王静，李鸿琦等．数字图像相关方法杂桥梁裂缝变形监测钟的应用［J］．力学季刊，2003，24（4）：512-516.

[11] 张春昱．工业图像检测技术及其若干应用的算法研究．上海：上海交通大学，2004，1（8）：30-32.

作者简介

刘洪公（1990—），男，河北省沧州人，石家庄铁道大学信息科学与技术学院计算机应用技术专业，硕士研究生，电子邮件：1107387708@qq.com，研究方向：嵌入式开发及应用，数字图像处理。

王学军（1960—），男，河北省石家庄人，教授，硕士生导师，电子邮件：wangxj@stdu.edu.cn，主要研究领域：嵌入式开发及应用，图形图像处理，教育技术学。

第5章
嵌入式系统及应用

STM32智能小车[①]

王浩　赵玉旋　姜源源
岳蒂　张颖晗

（石家庄铁道大学信息科学与技术学院，河北石家庄市 050043）

Research of Intelligent car based on STM32

Wang Hao, Zhao Yuxuan, Jiang Yuanyuan, Yue Di, Zhang Yinghan

(School of Information Science and Technology, Shijiazhuang Tiedao University, Shijiazhuang 050043, China)

【摘要】本系统是以STM32为控制核心，使用红外传感器、HC－SR04超声波传感器实现小车循迹和避障功能；采用全新的RFID无线射频技术，对公交站点进行识别，采用音频解码技术，对站点信息进行播报；使用舵机在小车停站是进行车门的自行启闭。

【关键词】STM32　电机　超声波测距模块　舵机

【Abstract】This system based on stm32 as the control core, using infrared sensor, the HC－SR04 ultrasonic sensor to realize the car tracking and obstacle avoidance function; Adopting new FID of radio frequency technology, the bus stops, which can identify the audio decoding technology, reporting to the site information; Using the steering gear is in the car stop by opening and closing of the door.

【Keywords】STM32　Motor　Ultrasonic Distance Module　Fork Type Steering Engine

1　绪　论

无人驾驶公交车，也称为智能车或轮式移动机器人，它依靠车内以计算机系统为主的智能驾驶仪来实现无人驾驶。利用车载传感器来感知车辆周围环境，并根据感知所获得的道路、车辆位置和障碍物信息，控制车辆的转向和速度，从而使车辆能够安全、可靠地在道路上行驶。

2　硬件设计

无人驾驶汽车是通过车载传感系统感知道路环境，自动规划行车路线并控制车辆到达预定目标的智能汽车。它是利用车载传感器来感知车辆周围环境，并根据感知所获得的道路、车辆位置和障碍物信息，控制车辆的转向和速度，从而使车辆能够安全、可靠地在道路上行驶。

① 基金项目：本文受2014年国家大学生创新创业训练项目（201410107006）资助。

2.1　主控单元

主控单元为系统的核心，信号和命令都需要经过主控单元的处理，是小车的大脑。本次设计采用的 Cortex－M3 系列的 STM32F103RBT6，F103 系列的芯片内存空间比较大，性能优良，外设接口丰富，提供了充足的定时器、串口、GPIO 口，可以完美的控制小车的行动。STM32F103 的内部结构图如图 1 所示。

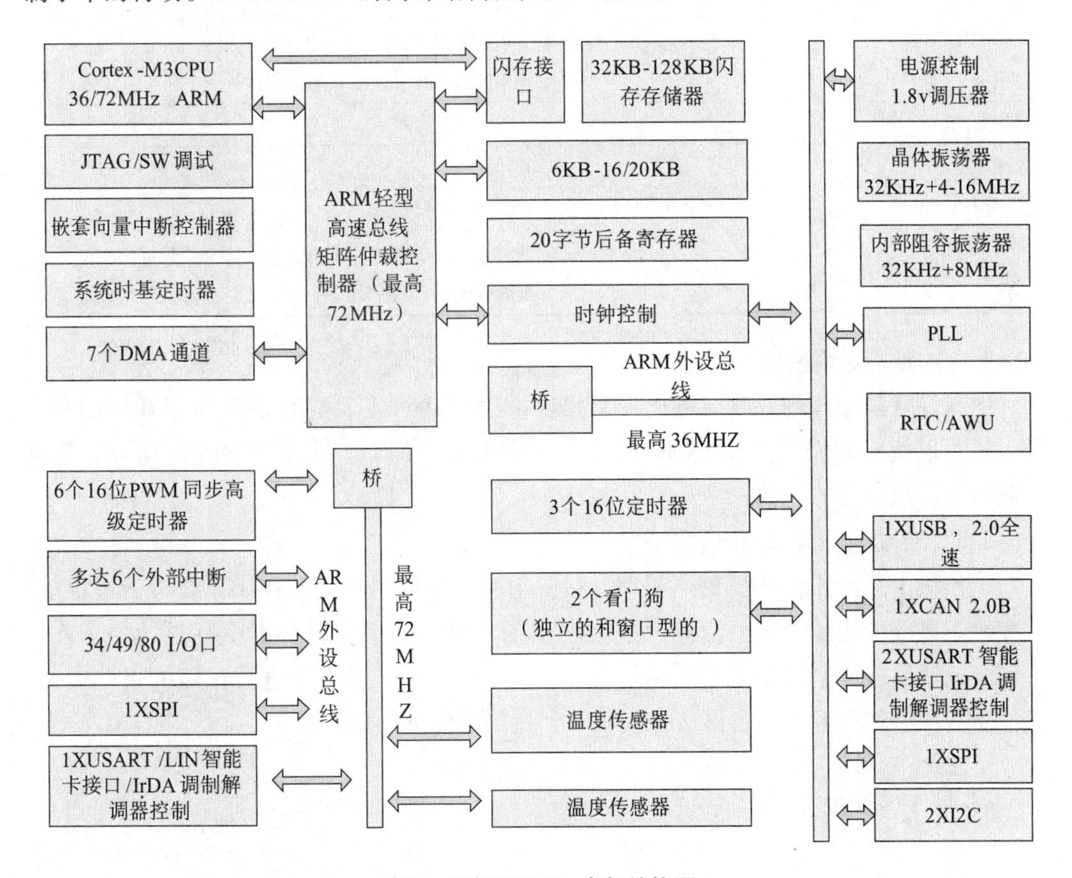

图1　STM32F10x 内部结构图

2.2　自动循迹模块

本模块是使用红外传感器来进行实验的，传感器会利用红外线在不同颜色的物体表面具有不同的反射强度的特点，在小车行驶过程中不断地向地面发射红外光，当红外光遇到白色纸质地板时发生漫反射，反射光被装在小车上的接收管接收；如果遇到黑线则红外光被吸收，小车上的接收管接收不到红外光，以此来判断传感器之下是黑线还是不是黑线，从而实现判断路径的问题，在此基础上对小车的运行状态进行调整，使其转弯达到循迹的目的。

2.3　超声波避障

超声波模块是小车的眼睛，采用 US－100 超声波模块，可用电平范围较广，可以使用串口和 GPIO 口两种数据交换模式。模块自带温度传感器，可对测距结果进行校准。表1是超声波测距模块的一些主要参数。

表1　　超声波模块参数表

电气参数	US－100超声波测距模块
工作电压	DC 2.4V 5.5V
静态电流	2mA
工作温度	－20—＋70度
输出方式	电平或UART（跳线帽选择）
感应角度	小于15度
探测精度	0.3cm＋1%
探测距离	2cm—450cm
UART模式下串口配置	波特率9600，起始位1位，停止位1位数据位8位，无奇偶校验，无流控制

2.4　电机驱动模块

电机模块是小车的双腿，电机控制模块采用L298N芯片，该芯片可以输出四路信号。还可以使用PWM信号控制使能端ENA和ENB，降低一段时间的平均电压，达到控制电机转速的目的。

2.5　自动感应停车报站模块

本模块由扬声器，MP3解码器以及接受射频可得线圈构成，在小车行进的过程中，放在小车底部的线圈会自动检测射频卡发出的信号，如果在射频卡上划过，小车首先会停车，谈后线圈会接受信息并经其处理后，得知站点位置进而进行正确的报站提示。在停车一段时间后，小车会再次进入正常运行的程序继续循迹行走。

3　软件系统实现

软件环境采用的是keil 5，Keil μVision5推出于2006年，该软件开发工具针对各种嵌入式处理器，在世界范围内被广泛使用。

3.1　软件系统结构

小车启动后放置在起点，小车沿着规定路线行驶，识别站点并播报，当前方遇到障碍物的时候超声波传感器发生中断，并停止，当没有障碍物时，小车继续前进。系统整体结构图如图2所示。

3.2　超声波测距

超声波模块也是通过串口与开发板进行数据交换，串口3初始化的配置比较简单，因为串口3不需要配置DMA。只需要进行一些基本的配置即可，包括数据发送端口和数据接收端口，还有模块和开发板之间传输的数据模式、中断优先级的配置。比较重要的是中断处理函数，串口3的中断处理函数采用的是中断接收的方式。超声波模块

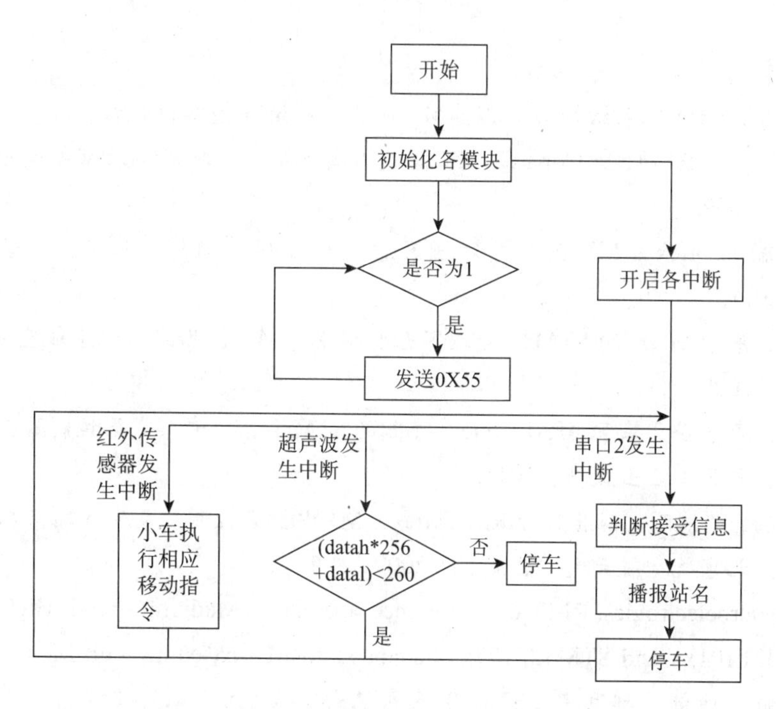

图 2　系统结构图

返回数据进入中断处理函数，存储在 USART_ ReceiveData 中，由于数据分为高八位和低八位，数据分开分别放在 USART3_ RX_ BUF［0］和 USART3_ RX_ BUF［1］中。检测中断标志位，检测完成之后接收串口 3 传回的数据，标志位被清空等待下一次中断。最后将高八位和低八位数据整合起来，通过计算得到距离值。

3.3　PWM 信号控制

PWM 信号的频率和占空比可以由 TIMx_ ARR 寄存器和 TIMx_ CCRx 寄存器来确定。在设计中一共用到了 5 路 PWM 信号，通过定时器 1、定时器 3 产生，分别控制超声波转向舵机、机械臂和小车加减速。

4　总　结

无人驾驶公交车沿专用的公交道路行驶，到站自动停靠，播报站名，自动开关门，遇到突发情况的停车自动制动，解决公交车自动运行中所遇到的技术性问题和安全性问题，提高公交无人化运行的可行性。利用红外遥感技术、传感器及嵌入式技术，通过 C 程序的编写和 PDI 算法的设计，实现公交车的自动循迹、车门自行启闭、遇障停车等，利用 RFID 无线射频技术实现公交站的识别，利用音频解码技术实现站名播报。模型采用模块化设计，由转向模块、驱动模块、循迹模块、避障模块、车门自动启闭模块、电源模块组成，各模块均由智能控制中心控制。

参考文献

[1] 杜春雷. ARM体系结构与编程［M］. 北京：清华大学出版社，2003.

[2] 姚文详，宋岩. ARM Cortex－M3权威指南［M］. 北京：北京航空航天大学出版社，2009.

[3] 范书瑞. Cortex－M3嵌入式处理器原理与应用［M］. 北京：电子工业出版社，2011.

[4] 李宁. 基于MDK的STM32处理器开发利用［M］. 北京：北京航空航天大学出版社，2008.

[5] 彭刚，春志强. 基于ARM Cortex－M3的STM32系列嵌入式微控制器应用［M］. 北京：电子工业出版社，2011.

[6] 刘同法，肖志刚，彭继卫. ARM Cortex－M3内核微控制器快带入门与应用［M］. 北京：北京航空航天大学出版社，2009.

[7] ST Microelectronics. RM0008 Reference manual（Medium－and Hight－desitity STM32F101xx and STM32F103xx advanced ARM－based 32－bit MCUs）. 2008.

[8] 王永虹，徐炜，郝立平. STM32系列ARM Cortex－M3微控制器原理与实践［M］. 北京：北京航空航天大学出版社，2008.

[9] ST Microelectronics. UM0427 User manual（ARM－based 32－bit MCU STM32F101xx and STM32F103xx Firmware Library）. 2007.

[10] 刘军，张祥. 原子教你玩STM32［M］. 北京：北京航空航天大学出版社，2013.

[11] 杨渝钦. 电机控制［M］. 北京. 机械工业出版社，2005.

作者简介

王浩（1992—），男，宁夏省银川市人，石家庄铁道大学信息科学与技术学院信息工程专业，本科，电子邮件：1103683346@qq.com。学习方向：通信，信号处理。

姜源（1992—），男，河北省邯郸人，石家庄铁道大学信息科学与技术学院信息工程专业，本科，电子邮件：1066589895@qq.com。学习方向：通信，信号处理。

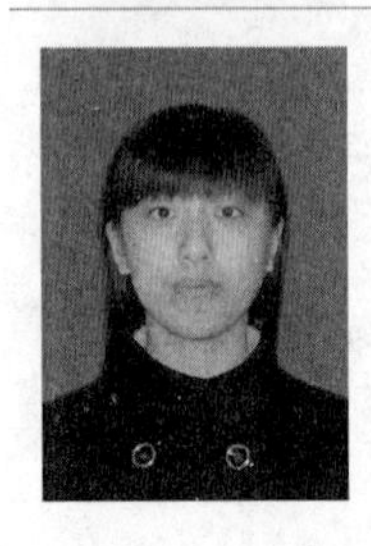

赵玉璇（1993—），女，山东省济南市人，石家庄铁道大学信息科学与技术学院计算机科学与技术专业，本科，电子邮件：654446389@qq.com。学习方向：通信，信号处理。

岳蒂（1993—），女，河北省衡水人，石家庄铁道大学信息科学与技术学院信息工程专业，本科学生，电子邮件：1310376592@qq.com，学习方向：通信，信号处理。

张颖晗（1993—），男，河北省保定市人，石家庄铁道大学信息科学与技术学院计算机科学与技术专业，本科，电子邮件：2811229296@qq.com。学习方向：通信，信号处理。

智能导盲拐杖设计与实现①

郑强　张玉　赵子鑫

（石家庄铁道大学信息科学与技术学院）

Intelligent guide stick' designation design and implementation

Zheng Qiang, Zhang Yv, Zhao Zixin

(Shijiazhuang Tiedao University, graduate school of computer science)

【摘要】通过深入研究当今盲人在日常生活中的种种不便利，针对市场上的拐杖结构简单，功能单一这一现状，设计了一款符合当代盲人需求的智能拐杖。盲人的"眼"基于arm8开发板开发，实现主要功能如下：利用超声波发射和接收实现了测障报警功能；基于SYN6288语音合成芯片实现定位、时间信息的语音输出功能，使用者在紧急情况下可以一键拨打已存储的电话或发送短信，短信内容包含有北斗导航模块返回的地理位置值。语音导航功能，实现了导盲拐杖的智能化操作和多功能扩展。

【关键词】导盲杖　arm8　测障　北斗导航　通信

【Abstract】By doing a lot of research about blindmen's needs and some inconvenience in their daily life, aiming at the weakness of blind guide cane on the market with simple structure and function which is unable to achieve a good blind guiding function, we design an intelligent blind guide cane. The blind guide cane is based on arm8 development board, the main functions are as follows: use of ultrasonic transmitting and receiving circuit to achieve the functions of testing the barrier and alarm; achieve the function of voice outputting of the position coordinate and time information by using SYN6288 speech synthesis chip, and user can dail a designated number or send a massage just by pressing a key, and the contents of the message includes the geographical position. voice navigation services. So, intelligent operations and muti - functional expansion of the blind guide cane is realized effectively.

【Keywords】Guiding Blind Cane　arm8　Detect the Obstacle　BD Navigation　Communications

经过社会调研，发现市场上的拐杖功能单一，不够智能化，盲人的生活并没有随着科技的发展而有所改善，在日常出行中还是会遇到诸多的问题，比如前

① 基金项目：本文受2015年国家大学生创新创业训练项目（201510107016）资助。

方有悬挂的障碍物，迷路时地理位置无法确定，遇到突发的事情很难及时通知家人。基于这一现状，本小组基于 arm8 开发板，集成 SIM900A 模块、北斗导航模块、SYN6658 语音合成模块、超声波测距模块等诸多模块、设计研发了一根具有导航、通信、测距、语音播报等功能于一体的拐杖。

1　系统构成

系统构成见图 1、图 2、图 3 所示。

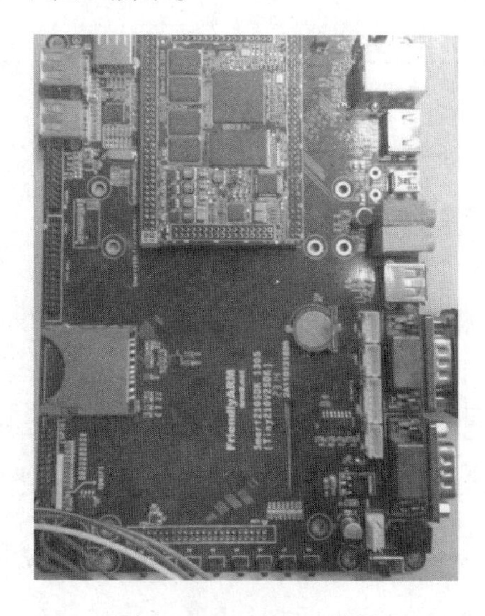

图 1　cortex A8 开发板

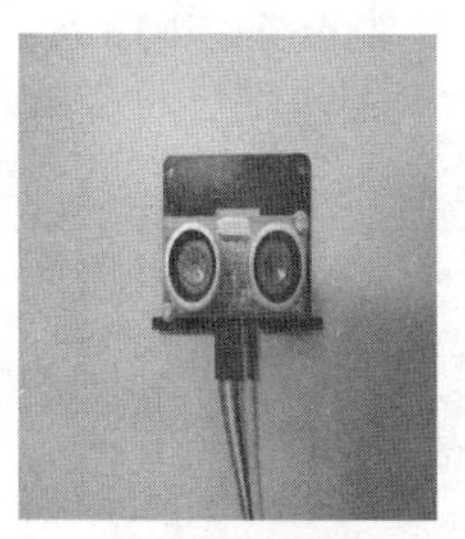

（a）语音合成模块

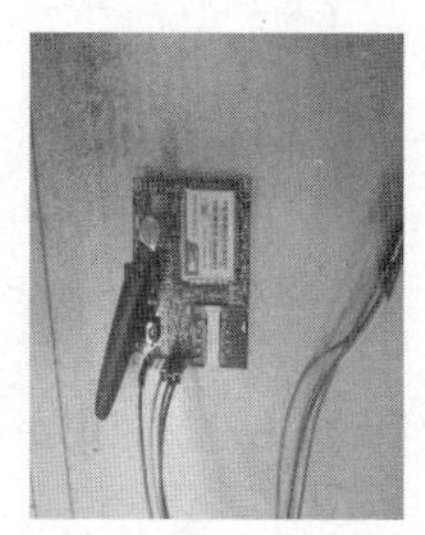

（b）超声波测距模块

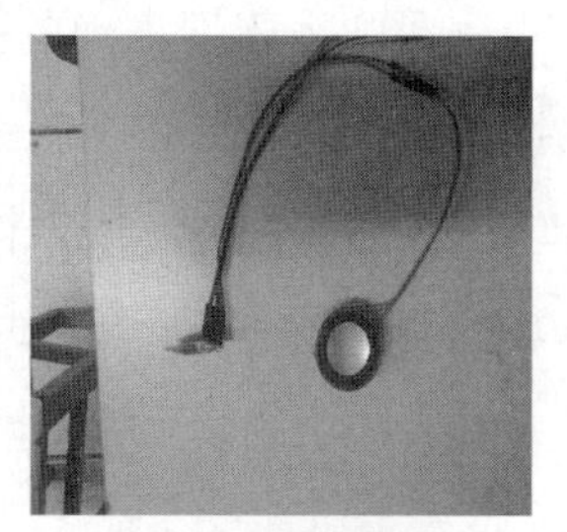

（c）SIM900A模块

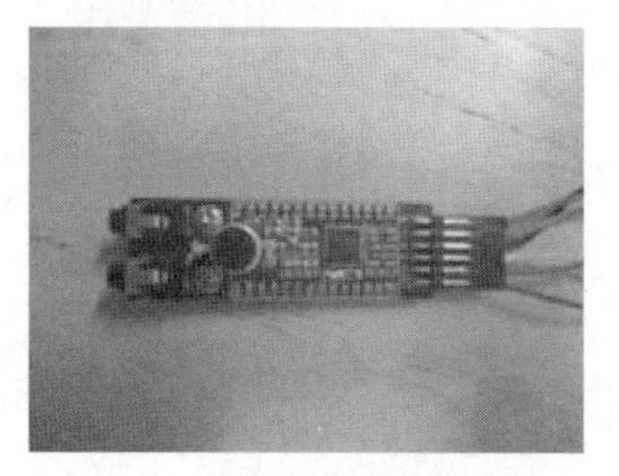

（d）北斗定位模块

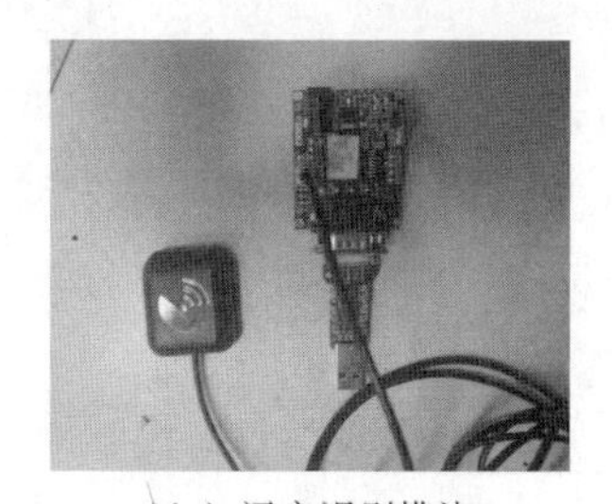

（e）语音识别模块

图 2　智能导盲拐杖中各模块

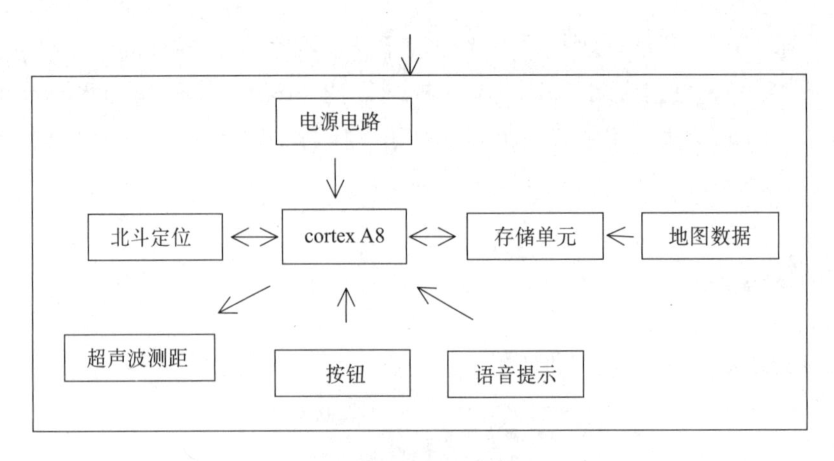

图 3　智能拐杖总体结构

2　语音播报前方障碍物距离功能的实现

智能拐杖“盲人的‘眼’”集成了超声波测距模块，提供 2cm—400cm 的非接触式距离测感功能，测距精度可以达到 3mm。模块通过发送 8 个 40khz 周期电平并检测回波。一旦检测到有回波信号则输出回波信号时间间隔可以计算得到距离。距离 = 高电平时间 × 声速/2。超声波测距模块通过 c 程序控制将距离返回给 SYN6658 语音合成模块。SYN6288 提供一组全双工的一部串行通信接口，实现数据传输，利用 TXD 和 RXD 实现串口通信，在简单调用的情况下，不必理睬反馈和状态输出，即可发送合成命令来实现地图数据文本的语音合成功能。语音合成模块通过程序中的语音模板和超声波测距模块返回的距离值正确的播报出来，实现了语音播报前方障碍物距离的功能（见图 4）。

图 4　语音播报前方障碍物距离功能实现流程图

控制的 c 程序如下：

```
char buff[ ] = "\x55\r\n";
if((fd = open_port(fd,1)) <0){
    perror("open_port error");
    return;
}
//串口的初始设置
if((i = set_opt(fd,9600,8,'N',1)) <0){
    perror("set_opt error");
```

```
        return;
    }
    char buffer[2] = {0};
    char readbuff[5] = {0};
    char nreadbuff[5] = {0};
    write(fd,buff,sizeof(buff));//发送命令
    sleep(5);//执行挂起一段时间
    while((nread = read(fd,buffer,1024)) >0){
        buffer[nread +1] ='\0';
        snprintf(readbuff,sizeof(readbuff),"0x%02x,", buffer[0]);
        snprintf(nreadbuff,sizeof(nreadbuff),"0x%02x,", buffer[1]);
        printf("%s\n",readbuff);
        printf("%s\n",nreadbuff);
        }
    return;
    }
```

3　一键发送包含当前地理位置的短信

智能拐杖“盲人的‘眼’”集成了北斗定位系统。北斗卫星定位系统是中国自主研发并运营的区域性卫星定位系统，由3颗地球同步卫星、1个地面中心控制站、几十个分布在全国的参考标校站和北斗定位终端组成，该系统的推出对中国发展完善自主的卫星定位用应用技术具有重要的意义。该模块的功能是使arm板的串口接收从北斗模块发送来的定位数据，做如下操作：判断接收的字符是否是“$”字符；如果是则将记录标志位置1；然后再接收信息内容，在收到“*”字符ASCII码后再接收两个字节结束接收，然后根据语句标识区分出信息类别以对收到ASCII码进行处理并返回给SIM900A模块。通过c程序调用内嵌指令自动给已存号码发送短信，报告当前的地理位置，方便盲人的家人寻找（见图5）。

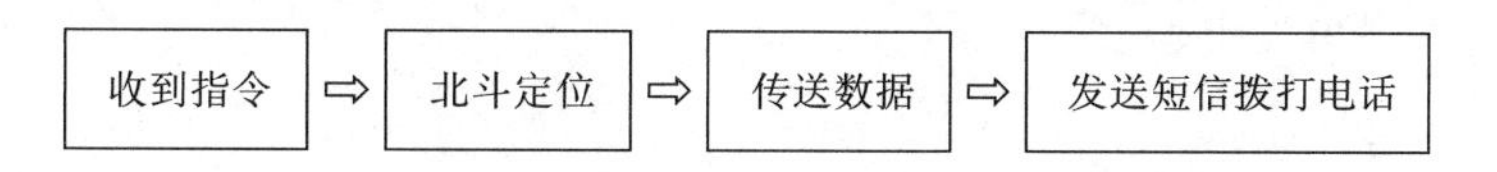

图5　一键发送包含当前地理位置功能实现流程图

控制的c程序如下：

```
    if(buffer[0]! =0)
    {
```

```
        printf("%s\n",buffer);
        printf("已检测到短信,识别中,请稍后...\n");
        for(i=0;i<strlen(buffer);i++)
        {
            if((buffer[i]>='0')&&(buffer[i]<='9'))
            {a[k]=buffer[i];
            k++;
        }
        else
        continue;
    }
    if(a[1]!='\0')
        {
        a[2]='\r';
        a[3]='\n';
        }
    else
        {
        a[1]='\r';
        a[2]='\n';
        }
    printf("%s\n",a);
    strcat(buff4,a);
    printf("%s\n",buff4);
    for(i=0;i<strlen(buffer);i++)
        {
        if(buffer[i]==dx[m])
            {
                m++;
            }
        else
            {
                continue;
            }
        }
```

```
if(m = = strlen(dx))
    {
        memset(buffer,0,sizeof(buffer));
        write(fd,buff4,strlen(buff4));
        sleep(3);
        while((nread = read(fd,buffer,200)) >0)
            {
                buffer[nread + 1] = '\0';
            printf("nread = %d,%s\n",nread,buffer);
            }
        if(strlen(buffer)! =0)
            {
                for(i =0;i < strlen(buffer);i + +)
                  {
                        if(buffer[i] = = bj[j])
                            {
                                j + +;
                                continue;
                            }
                        else
                            continue;
                    }
                if(j = = strlen(bj))
                    {
                        printf("已获取口令,请稍等... \n");
                        system("/bin/sendmes");
                    }
                else
                    {
                        printf("口令不符,已忽略! \n");
                    }
            }
        else
                printf("the message is empty! \n");
        }
```

```
    }
}//这是获取短信的中心代码。
```

4 语音导航功能的实现

语音导航功能在越来越多的手机地图 app 中逐渐普及，给平民大众的出行带来了极大的便利，然而盲人由于视力原因，并不能很方便的使用手机，从而不能享受这一便利。该智能拐杖基于盲人的需要，集成语音识别模块，北斗导航模块和语音合成模块，实现了方便盲人使用的语音导航功能。语音识别模块可以在用户发出确定的指令后进行判断，未识别出会提示命令未识别，请求重新发出命令，识别成功后根据内置地图和北斗定位系统开始识别当前位置和路线，返回数据给语音合成模块，从而进行语音的输出。

收到指令（见图6）：

图6 语音导航功能实现流程图

5 功能测试

经过测试，家属通过短信发送指令，智能拐杖自动发送包含盲人使用者的地理位置信息功能实现，平均用时 10s（见图7）。

```
已获取口令，请稍等...
open ttyUSB0 .....
fcntl=0
isatty success!
fd-open=4
set done!
fd=4
AT+CMGF=1

OK
AT+CSMP=17,167,2,25

OK
AT+CSCS="UCS2"

OK

AT+CMGS="00310035003700330032003100310033003800310033"

> 621157280033003800340030002E00390039FF0C00310031003400330030002E00310030
+CMGS: 152

OK
```

图7 实际测试结果

6 结　论

通过电子技术，成功设计了一款集定位、通信、测障等功能于一体的多功能智能拐杖，整项工程在 arm 下开发，包含 SIM900A 模块，北斗导航模块，SYN6658 语音合成模块，超声波测距模块，语音识别模块，传感器等，在拐杖的头部有扬声器和方便操作的按钮。

通过发送相应的指令，可以正确地完成语音测障播报，一键发送包含地理位置信息的短信、语音导航和智能检测用户身体情况并在危急时执行相应的操作等功能。

经过测试发现，北斗系统提供的定位信息只包含经纬度及海拔高度，而且在信号良好的情况下定位间隔为 30—50s，定位误差一般在几十米到一百米。

参考文献

[1] 杨阳，张少博，伍龙昶．嵌入式 Linux 下语音的实时采集与传输的实现．武汉：武汉理工大学，2015.

[2] 陈斌．基于 ARM9 的嵌入式 Linux 应用开发平台的分析与实现．铁岭师范高等专科学校，2014.

[3] 吴桐，高新，闫玉洁．基于北斗导航系统的移动导航定位的设计．北华航天工业学院，数码设计，2015（6）．

[4] 任春华，张强，王悦，侯波．基于单片机控制的多功能导盲拐杖．重庆大学光电工程学院光电技术及系统教育部重点实验室，2014.

[5] 赵天菲，冯炉，谭昭．导盲拐杖项目．中国科技信息，2013（14）．

[6] 徐昕．智能轮椅语音识别与控制系统的研究［J］．品牌，2015（4）．

[7] 吴丽华，杜衡吉．电子导盲拐杖的设计（曲靖师范学院计算机科学与工程学院）．科技创新导报，2011（22）．

[8] 刘宪军，张志荣，李真，刘军．基于北斗导航定位系统的机车动力资源定位系统研究．大连交通大学学报，2015（2）．

作者简介

郑强（1993—），男，安徽省马鞍山人，石家庄铁道大学信息科学与技术学院信息工程，本科，电子邮件：1006789139@qq.com。

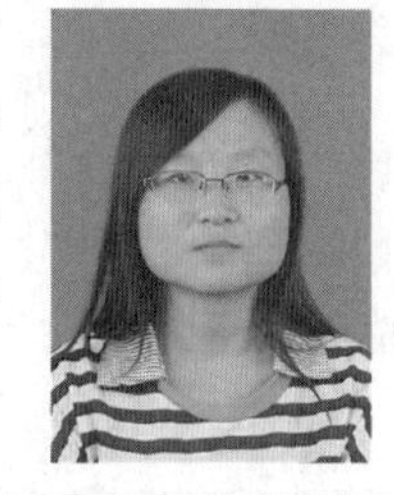

张玉（1993—），女，河北省邢台人，石家庄铁道大学信息科学与技术学院信息工程，本科，电子邮件：1109340939@qq.com。

赵子鑫（1993—），男，河北省邯郸人，石家庄铁道大学信息科学与技术学院信息工程，本科，电子邮件：1814504699@qq.com。

立式自行车自动存取系统设计

刘世杰　史嘉文
董浩楠　佟宽章

（石家庄铁道大学信息科学与技术学院，河北石家庄市 050043）

Design of vertical bicycle automatic access system

Liu ShiJie, Shi JiaWen,
Dong HaoNan, Tong KuanZhang

(School of Information Science and Technology, Shijiazhuang Tiedao University, Shijiazhuang 050043, China)

【摘要】中国是世界公认的自行车大国，自行车发展前景广阔，但目前国内自行车管理现状令人堪忧，尤其是自行车停放问题。本设计针对现有自行车停放问题，针对性开展研究，系统采用机电一体化设计，上位机系统采用 C#开发，下位机采用 Arduino 控制板完成对自行车立式升降的控制，同时采用条形码打印与识别技术实现对自行车存取的鉴别和认证，最终设计出符合实际需求的安全、可靠、便捷、节省空间的立式自行车针对存取系统。

【关键词】自行车　机电一体化　Arduino　条形码

【Abstract】Our country is recognized worldwide as a bicycle country bicycle broad prospects for development, but the current situation is worrying domestic bicycles, bicycle parking problems in particular has become a cycling development of the difficulties. This design for existing Bike Park of problem, targeted carried out research, this system used electromechanical integration design, upper machine system used C# development, lower machine used Arduino Control Board completed on bike vertical lifting of control, while used barcode print and recognition technology achieved on bike access of identification and certification, eventually design out meet actual needs of security, and reliable, and convenient, and save space of vertical bike for access system.

【Keywords】Bicycle　Mechanical & Electrical Integration　Arduino　Bar Code

中国是世界公认的自行车大国，拥有数量众多的自行车。据统计，截至 2013 年底，全国自行车社会保有量为 3.70 亿辆[1]。伴随国内城市轨道交通的迅速发展，自行车作为有效的换乘工具将有更加广泛的应用，目前在北京、上海、天津等大城市自行车与轨道交通的换乘现象已经普遍存在[2]。同时，住房城乡建设部颁布《城市步行和自行车交通系统规划设计导则》以及推进“城市步行和自行车交通系统示范项目”，将会在国内掀起新一轮以步行和自行车交通为主导的城市交通结构调整[3]，自行车作为绿色、环保、健康的出行工具将有更进一步的发展。

然而，目前国内自行车的使用和管理现状则令人堪忧，自行车停放场地、设施和管理人员都严重缺乏，自行车的管理无序，随意停放的自行车堵塞交通、影响市容，部分车辆停放甚至直接占用人行道，妨碍人行交通[4]。对上海轨道交通乘客的调查显示，多达28%的潜在用户不考虑选择自行车的原因是寻找停车点不便[5]，由此可见自行车停放问题现已成为阻碍自行车进一步发展的难点。

本设计从现有自行车停放场地、管理等问题出发，有针对性开展研究，设计出符合实际需求的节省空间和人员、安全、可靠、便捷的立式自行车存取系统。

1 立式自行车架

本系统采用机电一体化设计，上位机系统采用C#开发，下位机采用Arduino控制板完成对自行车立式升降的控制，并采用条形码打印与识别技术实现对自行车存取的鉴别和认证。

系统框图如图1所示。

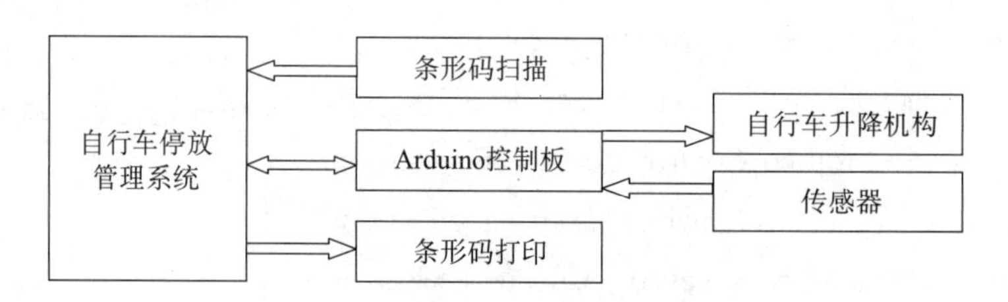

图1 立式自行车自动存取系统框图

系统通过对停放的自行车进行提升和竖立，节省了占用的空间；通过条形码进行自行车的存取的认定，确保了自行车停放的安全性，自行车存取全过程不需要人工干预，实现了车辆的自动存取，节省了时间，提高了存放效率。

2 关键技术

2.1 Arduino 技术

Arduino是为了传授互动设计而诞生的，把设计智能产品原型的能力定为使用者的目标。Arduino，是一个开放源代码的单芯片微电脑，它使用了Atmel AVR单片机，构建于开放源代码，Arduino编程语言是建立在C/C++语言基础上的。Arduino包括一个硬件平台，即Arduino Board，和一个开发工具，即Arduino IDE。IDE代表集成的开发环境，例如，微软的 Microsoft Visual Studio，在 IDE 中包含了控制程序所需的类库，方便程序员调用。开发者只需在 IDE 中编写程序代码，将程序上传到 Arduino 电路板中，程序便能执行操作，从而实现设定的功能。

Arduino 平台的特点[6][7]：

（1）廉价，Arduino 诞生的主要原因和目标就是追求廉价，一块 Arduino - UNO 板的价格远低于一块 51 开发板的价格，与主板配合的各种控制器与传感器的接口都已经标准化。

（2）跨平台，ArduinoIDE 能够在主流平台上运行，包括 Microsoft Windows，Linux，MacOS X。

（3）简单易学，Arduino IDE 基于 processing IDE 开发。对于初学者来说，极易掌握，同时有着足够的灵活性。

（4）开源，Arduino 的硬件原理图、电路图、IDE 软件及核心库文件都是开源的，在开源协议范围内可以任意修改原始设计及相应代码。

2.2 步进电机技术

步进电机是将电脉冲信号转变为角位移或线位移的开环控制元步进电机件。在非超载的情况下，电机的转速、停止的位置只取决于脉冲信号的频率和脉冲数，而不受负载变化的影响，当步进驱动器接收到一个脉冲信号，它就驱动步进电机按设定的方向转动一个固定的角度，称为“步距角”，它的旋转是以固定的角度一步一步运行的。可以通过控制脉冲个数来控制角位移量，从而达到准确定位的目的；同时可以通过控制脉冲频率来控制电机转动的速度和加速度，从而达到调速的目的。

2.3 条形码技术

条形码是利用光电扫描阅读设备识读并实现数据输入计算机的一种特殊代码。它是由一组粗细不同、黑白或彩色相间的条、空及其相应的字符、数字、字母组成的标记，用以表示一定的信息。条形码技术其输入速度快、识别率高，误读率低，设备便宜、设备种类多、可非接触式识读，低使用成本、自动化仪器支持自动识别等优越性是众所周知的，无论检验领域如何发展，条形码是实现检验自动化的必由之路[8]。

EAN 条码（EAN code）是国际物品编码协会制定的一种条码。它是定长的、连续型的四种单元宽度的一维条码。包括 EAN - 13 码和 EAN - 8 码两种类型。表示的字符集：数字：0—9[9]。

Ean - 13 是由欧洲的 InternationalArticleNumberingAssociation（EAN）在 UPC - A 标准的基础上建立的。EAN - 13 和 UPC - A 的唯一区别在于它们的数字系统编码不同，UPC - A 是从 0 到 9 的一位数字，而 EAN - 13 的数字系统编码由从 00 到 99 的两位数字构成，它实际上是一个国家编码。每个国家拥有为其权限范围内的公司指定厂商编码的编码权利。厂商编码仍旧和商品编码一样是 5 位，校验码可以采用相同的方式进行精确的计算。

3 设计与实现

3.1 Arduino控制系统设计

控制系统采用Arduino UNO R3控制板（见图2），根据上位机C#程序接口给出的命令，结合传感器获取的数据，传送对应的指令到步进电机驱动板（见图3），驱动步进电机做出相应的动作，实现自行车的提升和落下。

图2 Arduino UNO R3控制板

图3 步进电机驱动板

3.2 步进电机提升结构设计

提升结构主要包括：车架、车辆加持结构、步进电机、丝杠、超声波传感器。通过控制步进电机使自行车处于两种状态（见图4、图5）。

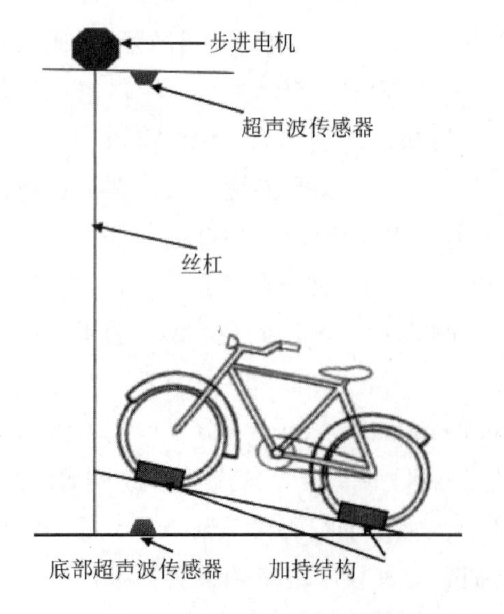

图4 车架初始水平状态

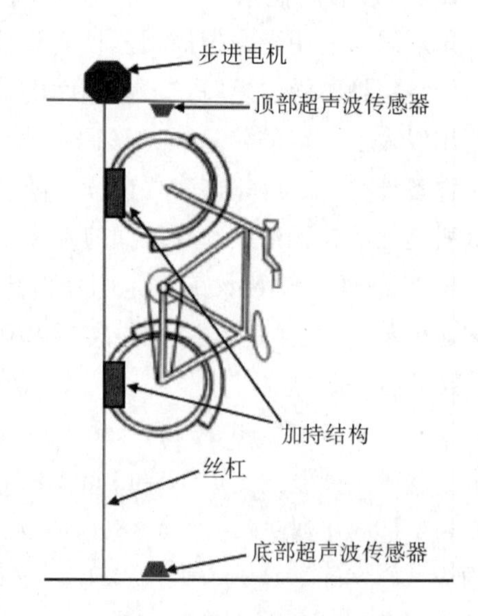

图5 车架竖直提升状态

步进电机正转程序（部分）：

```
void up()
{
  switch(_step){
    case 0:
    //stepperSpeed + + ;
      digitalWrite(Pin0, HIGH);
      digitalWrite(Pin1, LOW);
      digitalWrite(Pin2, LOW);
      digitalWrite(Pin3, LOW);//32A
    break;
    case 1:
      digitalWrite(Pin0, HIGH);
      digitalWrite(Pin1, LOW);//10B
      digitalWrite(Pin2, HIGH);
      digitalWrite(Pin3, LOW);
    break;
    case 2:
      digitalWrite(Pin0, LOW);
      digitalWrite(Pin1, LOW);
      digitalWrite(Pin2, HIGH);
      digitalWrite(Pin3, LOW);
    break;
    case 3:
      digitalWrite(Pin0, LOW);
      digitalWrite(Pin1, HIGH);
      digitalWrite(Pin2, HIGH);
      digitalWrite(Pin3, LOW);
    break;
    case 4:
      digitalWrite(Pin0, LOW);
      digitalWrite(Pin1, HIGH);
      digitalWrite(Pin2, LOW);
      digitalWrite(Pin3, LOW);
    break;
```

```
    case 5:
      digitalWrite(Pin0, LOW);
      digitalWrite(Pin1, HIGH);
      digitalWrite(Pin2, LOW);
      digitalWrite(Pin3, HIGH);
    break;
    case 6:
      digitalWrite(Pin0, LOW);
      digitalWrite(Pin1, LOW);
      digitalWrite(Pin2, LOW);
      digitalWrite(Pin3, HIGH);
    break;
    case 7:
      digitalWrite(Pin0, HIGH);
      digitalWrite(Pin1, LOW);
      digitalWrite(Pin2, LOW);
      digitalWrite(Pin3, HIGH);
    break;
    default:
      digitalWrite(Pin0, LOW);
      digitalWrite(Pin1, LOW);
      digitalWrite(Pin2, LOW);
      digitalWrite(Pin3, LOW);
    break;
  }
    _step++;
    if(_step>7){    _step=0;  }
    delay(stepperSpeed);
  }
```

超声波测距程序(部分):

```
void upup()
{
  digitalWrite(outputPin1, LOW); // 使发出发出超声波信号接口低电平2μs
  digitalWrite(outputPin1, HIGH); // 使发出发出超声波信号接口高电平10μs,这
```

里是至少 10μs

```
    digitalWrite(outputPin1, LOW);// 保持发出超声波信号接口低电平
    int distance = pulseIn(inputPin1, HIGH,700);// 读出脉冲时间
    distance = distance/58;
    if(distance > 0&&distance < 5)
    {a =0;
    //Serial. println(a);
    }
  }
```

上位机时刻检测是否有用户请求使用车架，一旦检测到信号将打印条码、信息入库同时存车（即上升），当上升达到预定高度时超声波测距触发停止电机，系统进入检测条形码阶段，当用户使用条形码是系统选择对应车位下降，用户取车后删除当前车位信息但计入日志信息，同时上位机进入存信号检测阶段。流程框图如图6所示。

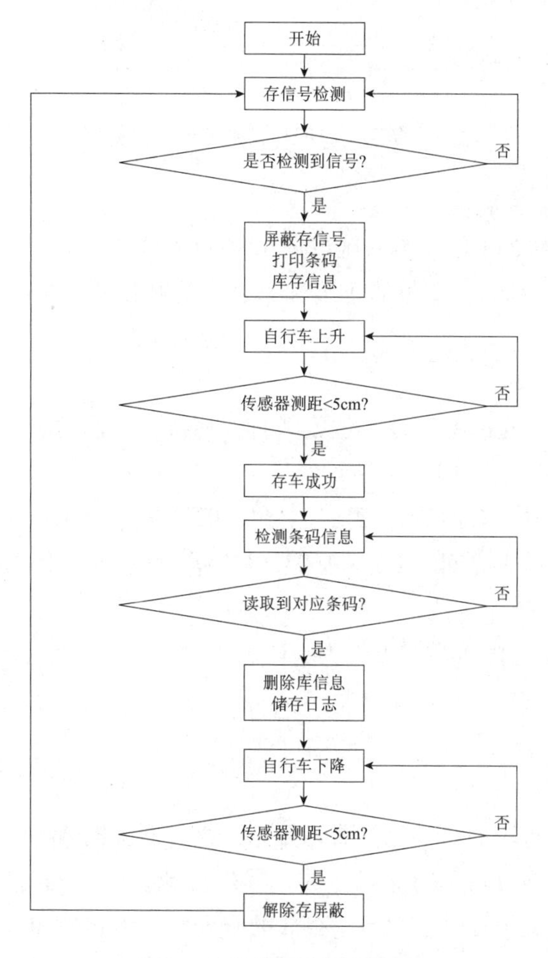

图6　电机升降控制流程图

3.3　条形码打印与识别系统设计

本系统使用 C#语言编译并设计可视化图形界面，可生成、读取、存储以及打印 EAN－13 条形码，条形码包含停车位和时间的信息，通过条码扫描枪读取条码信息，并找到对应停车位。配置外部设备为条码扫描枪、条码打印机。

系统功能框图如图 7 所示。

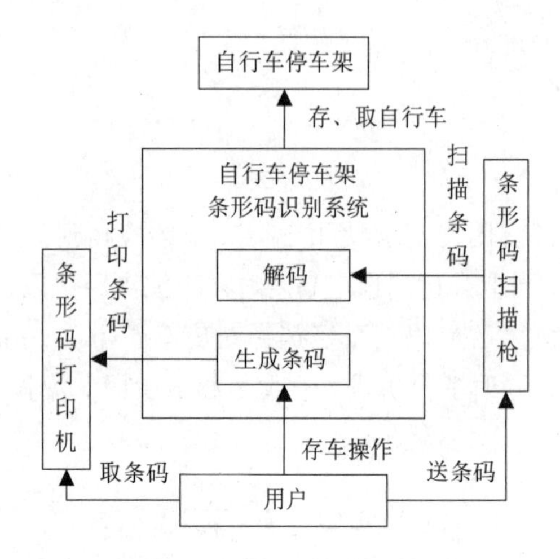

图 7　条形码打印与识别系统功能框图

3.3.1　条形码编码原则

EAN－13 条形码共 13 位，本系统取前 12 位为信息位，最后一位为校验码，不具有停车位信息，用来验证前 12 位的正确性，编码规则沿用 EAN－13 编码规则中的校验位编码规则。

3.3.2　各自段含义

停车位信息有：停车时间、停车位置（行，列数）、停车次数。根据条形码信息位数为 18 位，规定各位含义如下：

第 1—4 位表示当成车位行列位置。如：“0102” 表示第 1 行，第 2 列。

第 5—16 位表示存车时间。如：“1603261134” 表示 ××16 年，03 月，26 日，11 时，34 分。

第 17—18 位定义为随机数，以作为验证码。

4　结　论

该系统设计以自行车的自动化存取为目标，通过下位机 Arduino 控制器完成对自行车停车架的升降，实现自行车的立式停放，减少占地空间。同时，通过条形码系统管理自行车的存取，极大地提升了自行车存放的安全性、可靠性和智能化水平。

系统在进一步完善、优化后有望于投入实际应用，为提高中国自行车的使用水平发挥应有的作用。

参考文献

[1] 中国自行车总产量及保有量数据统计. http://www.chinairn.com/news/20140428/112326689.shtml

[2] 黄小燕. 自行车与轨道交通换乘问题的研究[J]. 交通工程与安全 2011, 3/4.

[3] 中华人民共和国住房和城乡建设部. 城市步行和自行车交通系统规划导则[EB-OL].

[4] 杜守帅, 过伟敏. 日本自行车停放设施设计研究[J]. 包装工程, 2015, 10(5): 36

[5] 吴志周, 范宇杰, 陶佳, 张剑桥. 城市轨道公共自行车换乘预测方法研究[J]. 武汉理工大学学报: 交通科学与工程版, 2013, 37(5).

[6] 陈吕洲. Arduino 程序设计基础[M]. 北京: 北京航空航天大学出版社, 2014: 5-6.

[7] 付久强. 基于 Arduino 平台的智能硬件设计研究[j]. 包装工程, 2015, 10.

[8] 王磊. 检验标本管理中条形码技术的应用[J]. 才智, 2009, 13.

[9] 国家质量技术监督局. 国家标准 GB/T 12905-2000.

作者简介

佟宽章(1976—), 男, 辽宁省沈阳人, 高级工程师, 电子邮件: tongkzh@stdu.edu.cn, 主要研究领域: 计算机应用技术, 网络工程。

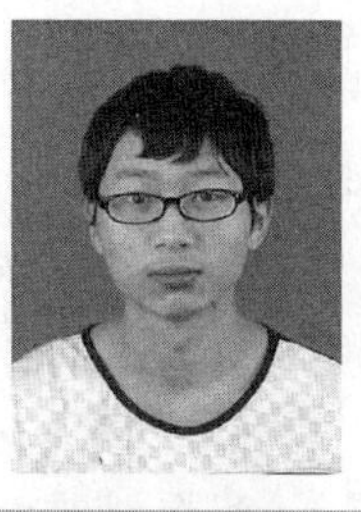

刘世杰(1995—), 男, 河南省郑州人, 石家庄铁道大学信息与科学技术学院信息工程专业, 本科生, 电子邮件: 516263918@qq.com。

史嘉文(1994—), 男, 黑龙江省齐齐哈尔人, 石家庄铁道大学信息与科学技术学院信息工程专业, 本科生, 电子邮件: 1694696712@qq.com。

董浩男(1994—), 男, 河北省石家庄市赞皇县, 软件工程专业, 本科生, 电子邮件: 912742850@qq.com。

一种高频 D 类功率放大器的设计

车贺宾　刘晨晨

（石家庄铁道大学信息科学与技术学院，河北石家庄市 050043）

Design of A High – Frequency Class – D Power Amplifier

Che Hebin, Liu Chenchen

(School of Information Science and Technology, Shijiazhuang Tiedao University, Shijiazhuang 050043, China)

【摘要】目前通信声呐领域的大功率放大器存在着效率低、体积大等问题。针对于此，本文采用 SPWM 调制技术和高频 D 类功率放大器的解决方案，设计了 D 类功率放大器、LC 低通滤波器以及匹配网络，优化放大器与换能器之间的匹配指标，满足高频、高效、小体积的水声通信发展需求。

【关键词】SPWM　D 类功率放大器　LC 低通滤波器　匹配

【Abstract】Current high power amplifier in the communication sonar field exist inefficient, large size, and so on problems. In light of this, this paper uses SPWM modulation technology and high – frequency class – d power amplifier solution, designs class – d power amplifier, LC low – pass filter and matching networks. It optimizes the index of match between power amplifier and transducer, satisfying the high frequency, high efficiency, small volume of underwater acoustic communication development demand.

【Keywords】SPWM　Class – D power amplifier　LC low – pass filter　Matching

随着海洋经济的发展，水声通信作为目前已知的最为有效的水下信息传递方式，已广泛应用于船舶、潜（浮）标、UUV、水下机器人、潜水员（蛙人）等设备携带的通信系统中[1]。

在水声领域，由于功率越大声呐传输距离越远，所以通信声呐一般都采用大功率放大器，然而受到设计原理、器件工艺及性能的限制，大功率放大器一般体积大、重量大。而且水声通信系统空间有限且环境密闭，主要依靠电池供能。如何提高系统能源利用率也是需要考虑的问题。

D 类功率放大器因其效率高、体积小等优势，被应用于通信声呐系统设计中。本文从小型化、大功率、高效率的水声调制发射系统的研制角度出发，采用

SPWM调制技术、D类功率放大器、LC低通滤波器以及相应的匹配网络，研制出一种高频、高效的功率放大器。

1　调制技术

D类功放调制可以有多种方式实现。D类放大器调制技术都是将音频信号的相关信息编码到一串脉冲内。一般情况下，脉冲宽度与音频信号的幅度有关，脉冲频谱包括有用的音频信号脉冲和无用的的高频成分。根据Parseval定理，时域功率与频域功率相等，在时域内波形的总功率是相同的，所以总的综合高频功率是基本相同的。但是，能量分布变化很大：在一些方案中，低噪声本底之上会有高能量音调；而在其他一些方案中，能量在经过整形消除高能量音调后噪声本底会变得较高。

其中，最常用的调制技术是脉宽调制（PWM）。简单来说，把加上一定直流偏置的原始音频信号放在运放的正输入端，运放的负输入端添加另一个三角波。当负端上的电位低于高端三角波电位时，比较器输出高电平。反之输出低电平。

PWM技术在高电压、大电流领域存在不稳定、效率低的缺陷。随着正弦脉宽调制技术（SPWM）逆变技术的逐步成熟，信号波形能够很好地在输出端重现，并且可以做到高电压，大电流。SPWM技术的基本思想是，脉冲电压输出幅度保持不变，调节脉冲电压的间隔和宽度实现其平均值接近正弦，从而减少变频类电力电子设备的谐波含量，达到提高效率，降低噪声的目的。

SPWM技术的实现方法通常分为计算法和调制法。计算法可精确控制时刻，但计算过程繁琐，不适合于载波比实时改变的场合；调制法可分为自然采样法、规则采样法等[2,3]。

具体实时策略一种是采用三角波载波与模拟集成电路完成正弦调制波的比较，产生SPWM信号；另一种是采用数字方法。随着集成技术的发展，利用商品化的专用集成电路、专用单片机和DSP可以使控制电路结构简化、集成度高，达到减小装置的体积、降低成本，提高系统的可靠性的效果[2]。

2　功率放大器和LC低通滤波器

2.1　功率放大器的选择

这是一个脉冲控制的大电流开关放大器，把比较器输出的PWM信号转变为大电流、高电压的大功率PWM信号。能够输出的最大功率由电源电压、负载和晶体管允许流过的电流来决定[4]。传统的线性功率放大器包括甲类（A类），乙类（B类），甲乙类（AB类）和数字类（D类）。A类功率放大器在整个输入信号周期内都有电流连续流过，是一种完全线性放大形式的放大器。它的优点是输出信号的失真率极低，缺点是输出信号的动态范围小、耗能大、效率低，通常只有 20%—30%。B 类功率放大器在整个输入信号周期内，正相信号过来正相通道工作，负相通道关闭。反之亦然，没有信号时两个通道均不工作。它的优点是效率理想情况下可达 78.5%，但缺点是正负通道开启关闭会产生失真，增加噪声。AB 类功率放大器是兼容 A 类与 B 类功放的优势的一种设计。当没有信号或信号非常小时，晶体管的正负通道都处于开通状态，这时功率有所损耗，但小于 A 类功放。当信号是正相时，信号弱则负相通道常开，信号转强则负通道关闭。当信号是负相时，正负通道的工作刚好相反。AB 类功率放大器的缺陷在于效率低，并且在大输出功率情况下，通常需要散热器，导致系统体积很大。这些成为 AB 类功率放大器的致命弱点，限制了它的进一步发展。

将 D 类功率放大器应用在水声通信系统的优势在于：

（1）在相同发射功率的情况下，相比于线性功放，D 类功放体积小、重量轻，为通信系统的小型化提供技术支持；

（2）D 类功放能源利用率高，适合于能量有限的水声通信系统；

（3）水声通信信号带宽有限，特别是在远距离通信时，水声通信码速率通常仅为几 kbps。随着开关器件性能不断提高，D 类功放完全可以在保证信号质量不会受到功放失真的影响的前提下满足通信速率的要求[1]。

2.2 LC 低通滤波器的设计

大功率 PWM 波形中的声音信息还原出来时电流很大，RC 结构的低通滤波器电阻产生大量热量，所以必须使用 LC 低通滤波器。当占空比大于 1:1 的脉冲到来时，C 的充电时间大于放电时间，输出电平上升；窄脉冲到来时，放电时间长，输出电平下降，正好与原音频信号的幅度变化相一致，从而恢复出来原音频信号。

设计滤波器时电磁干扰（Electromagnetic interference，EMI）应被考虑进去，开关电源由于快速变换会产生很强的谐波能量，如果不对这部分谐波分量进行抑制，就会导致严重的辐射性 EMI[4]。高通滤波器可以抑制 EMI，但是也损耗高端频谱，而低通滤波器会保持平坦的频率响应，但电磁干扰会增加。高阶低通滤波器可以同时满足两种要求。在放大器内部，可以缩短输出级和滤波器之间的供电线和连接线从而降低 EMI。这些元件应该尽量与供电电源设计在同一块 PCB 上，阻性损耗大大降低，短而宽的铜箔线也使得放大器的效率更高[5]。

3 匹配网络的设计

换能器匹配问题一直是宽带水声信号发射研究的重要方向，尤其是宽带、大功率的发射换能器的匹配技术是现代水下通信系统的重要技术环节，也是一直存在的难题。匹配网络不仅影响换能器的输出功率，造成换能器的损坏，而且还会影响到整个系统的发射效率。

匹配网络是使性能良好的换能器和功率放大器发挥最高效能的桥梁和纽带。换能器匹配有两个作用：一是调谐，使信号源输出电压和电流同相，从而减少电路中的无功分量，使信号源的输出功率尽可能转化为换能器的发射功率，提高整个发射系统的效率；二是变阻，使整个电路的有功电阻和信号源输出电阻接近，以达到最佳输出功率[4]。

3.1　调谐设计

水声换能器等效电路如图 1，一个静态电容 C_0 和一个串联支路组成一个并联电路。串联电路是由一个动态电感 L_1、动态电容 C_1 和一个动态电阻 R_1 组成。当换能器处于谐振频率时，动态电感和动态电容相互抵消，整个电路可以等效为一个动态电阻和一个静态电容并联组成。换能器的阻抗随着频率变化，静态电容一般都比较大，换能器在工作频带内成容性。

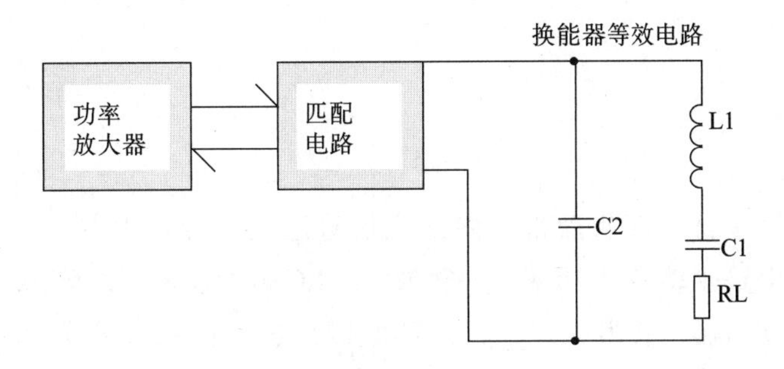

图 1　换能器等效电路

由电路原理可知，换能器的阻抗可以表示为：

$$Z = R + jX = \frac{\left[R_L + j\left(wL_1 - \frac{1}{wC_1}\right)\right] \cdot \frac{1}{jwC_2}}{R_L + j\left(wL_1 - \frac{1}{wC_1}\right) + \frac{1}{jwC_2}} \tag{1}$$

换能器动态支路发生串联谐振时，电抗 $X = 0$，也就是说 $w = \frac{1}{\sqrt{L_1 C_1}}$，串联支路仅存在 R_L 电阻。此时，换能器串联谐振频率为：

$$f_s = 1/\left(2\pi\sqrt{L_1 C_1}\right) \tag{2}$$

换能器并联谐振为：

$$f_p = \frac{1}{2\pi}\sqrt{\frac{C_1 + C_2}{C_1 C_2 L_1}} \tag{3}$$

在工作频带内，如果没有接匹配电路，负载的相位接近 90°，会产生较大的无功功率，降低功率放大器传输效率。选择并联一个电感来调节负载阻抗，匹配电感能使换能器在谐振频率附近时，相位接近为 0，如图 2 所示。换能器在工作频带内呈容性，并且纯电感元件不会造成能量的损耗，保证功率放大器的输出效率最高。

3.2 阻抗匹配

系统在大功率工作时，电容 C_2 会随着换能器温度的升高而发生改变。如果负载电阻和功率放大器的输出电阻相差很大，就会导致阻抗失配，影响功率放大器的输出功率以及效率。一般是通过变压器的阻抗变换达到功放输出阻抗和换能器的阻抗接近的目的。设计改进匹配电路，如图 3 所示。

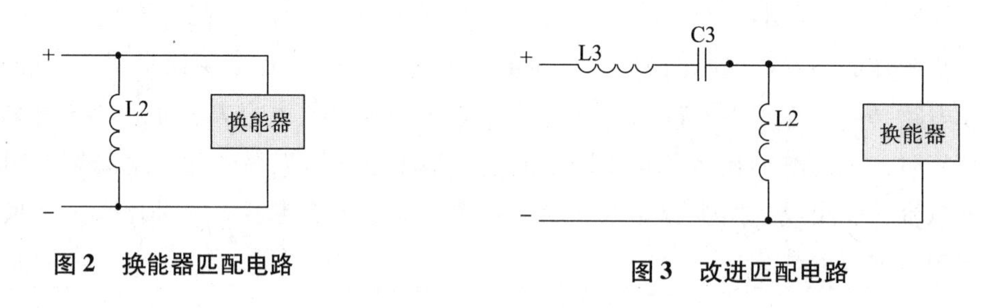

图 2　换能器匹配电路

图 3　改进匹配电路

4　结　论

本文设计方案是将外部所需带宽内任意信号送至信号发生器产生 SPWM 调制信号，经控制驱动电路驱动 D 类功率开关管放大，LC 低通滤波器滤除多余频域部分，再将载波能量送入变压器，转换为高压，经匹配网络送入换能器转换为声信号。设计的 D 类功率放大器具有电路效率高、体积小等优点，符合水下通信系统智能化、小型化和人性化的发展趋势。

参考文献

[1]　支绍龙，袁兆凯，李宇等．一种小型化水声信号调制发射系统［J］．仪器仪表学报，2012，33（7）：1668 –1675．DOI：10.3969/j.issn.0254 –3087.2012.07.033.

[2]　车平，覃桂科，叶健．高频大功率脉宽调制声呐发射机的研制［J］．声学与电子工程，2006：36 –38.

[3]　周鹏，王立果．一种 2.65GHz 高效电流模式 D 类功率放大器设计［J］．电子产品世界，2014，（5）：33 –35．DOI：10.3969/j.issn.1005 –5517.2014.4.6.

[4]　陈士广，陈华宾，程恩等．水声换能器功放与匹配电路的设计与实现［J］．传感技术学报，2014，（8）．DOI：10.3969/j.issn.1004 –1699.2014.8.12.

[5]　朱高峰，吴黎明，王桂棠等．D 类音频功率放大器的关键技术［J］．声学技术，2006，25：452 –456．DOI：doi：10.3969/j.issn.1000 –3630.2006.5.13.

Linux 下综合显控软件设计

张丹 刘晨晨

（石家庄铁道大学信息科学与技术学院，河北石家庄市 050043）

【摘要】本文比较了基于嵌入式平台的几种嵌入式操作系统，经过比较并且结合实际情况最终选择了 Linux 作为嵌入式操作系统，详细论述了基于 ARM 的实时显控软件的设计与实现，分别对显示模块、系统设置模块、提示内容模块进行了详细阐述，主要实现了对波束数据、原始数据、深度数据和涌浪数据的读取、显示并进行存储功能。

【关键词】测深仪 嵌入式设计 Linux

Integrated display and control software design based on Linux

Zhang Dan, Liu Chenchen

(School of Information Science and Technology, Shijiazhuang Tiedao University, Shijiazhuang 050043, China)

【Abstract】This article compares some emedded OS based on embedded platform. By comparing and combining physical truth, we choose Linux as our embedded OS. We try to design and realize real - time - display - control system, we introduce the system in four parts: display module, system setup module and prompt module. We mainly want to read, display and storage beam information, original data, depth information and surge information.

【Keywords】ECHO Sounder Embedded System Design Linux

随着人口总数的不断增加，陆地资源不断减少，我们对于海洋资源的探索和开发逐年增加。如果我们想要利用海洋资源，首先要对海洋资源进行探索和勘察[1]。测深仪作为海洋开发、海洋探测的重要仪器之一，逐渐受到人们的重视。自第一台回声测深仪问世以来，回声测深仪经历了模拟、模拟与数字结合及全数字化三个阶段。由于单波束测深仪价格相对较低，有多种接口可以连接多种外部设备，体积小，功耗低，使用灵活，因此得以广泛应用。

1 测深仪原理及结构框图

发射机在中央控制器的控制下，周期性地产生一定频率、一定脉冲宽度、一定功率的电震荡脉冲，通过发射换能器将电震荡脉冲转换为机械振动，并推动水介质以一定的波束角向水中辐射声波脉冲[2]。当声波遇到障碍物会反射回接收换能器，将接收的声波回波信号转变为电信号，然后再送入接收机中进行检测放大，经处理后将信号送入中央控制器中进行分析和计算，并将结果显示在显控设备上[3]。

2 测深仪系统设计

2.1 嵌入式系统结构

S3C6410 理器采用了 ARM920T 的内核，而 ARM920T 又集成了 ARM9TDMI，在嵌入式微处理器中属于中高档 32 位嵌入式处理器，其内部具有分离的 16KB 大小的指令 Cache 和 16KB 大小的数据 Cache，因为采用 ARM920T 体系结构，同时数据存储器与程序存储器分开，是因为采用哈佛体系结构，采用 5 级指令流水线，加入了存储器部件 MMU。使用 ARM 公司特有的 AMBA 总线，对内部低速外设则采用 APB 总线，对高速设备采用 AHB 总线。桥接器可以将 AHB 转换成 APB。内部集成了许多外设接口，主要的内部外设包括与 APB 总线相连的低速接口，如 SDI/MMC 接口、3 个通用异步通信接口 UART0，1，2、总线控制器、4 个 PWM 定时器、2 个 SPI 接口、看门狗定时器、通用并行端口、实时钟，与 AHB 总线相连的高速接口，如 LCD 接口、中断控制接口、电源管理接口、存储器接口、Boot Loader 接口、USB 接口等。图 1 为 S3C6410 微处理器体系结构框图：

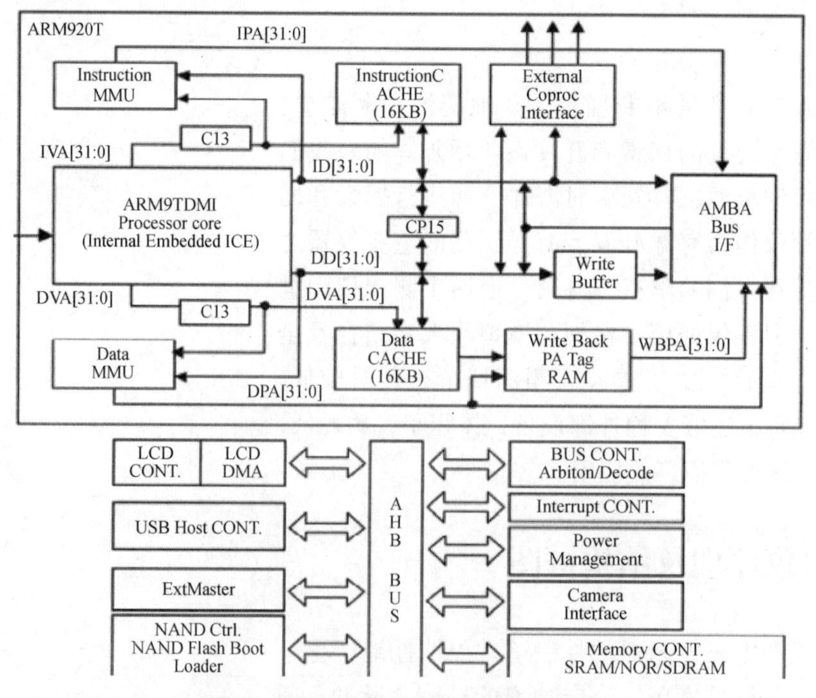

图 1　S3C6410 微处理器体系结构框图

测深仪系统大致可以分为四部分，换能器，收发板，微处理器和外设部分。在实际应用中发射机和接收机都被收发板代替。FLASH 中存放固化的程序。S3C6410 上电时，S3C6410 的引导功能会将 FLASH 中的软件导入 SDRAM 然后开始运行。在考虑到整个系统的电气性支持，对核心板部分进行了重新设计，如图 2 为自行设计的核心板 PCB 图。

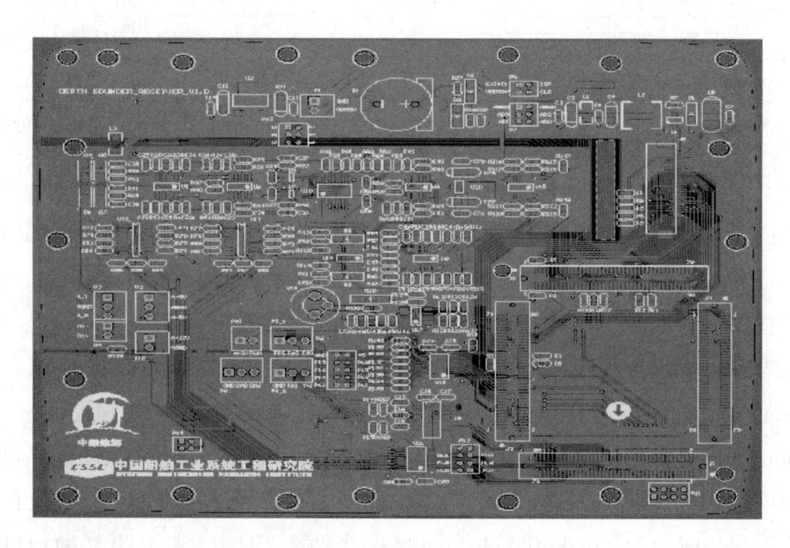

图 2　核心板 PCB 图

2.2　显控系统平台

测深仪显控系统平台的搭建包括了嵌入式开发环境的搭建和 QT 开发环境的搭建。我们分析比较了几种嵌入式系统：如 Win CE，Palm OS，Linux。

Palm OS 占用内存较小，提供串行通信接口和红外线传输接口，可以十分便利地外设通信和传输数据；拥有开放的 OS 应用程序接口，但是它是专门为掌上电脑开发的 32 位嵌入式系统，所以不适合测深仪的使用。

Win CE 继承了微软传统的图形界面，可以再此平台上使用 Windows98/95 的编程工具、使用相同的函数和界面风格，所以大部分的应用软件只需要简单地修改就可以移植到 Win CE 平台上继续使用。

Linux 系统的开发思路是通过裁剪内核，用户可以十分方便地开发定制系统，自由装卸用户模块，使系统符合用户自己的需求，互操作性很强。可移植性强。有很多种处理器，都可以被嵌入式 Linux 操作系统支持[4]。

和 Win CE 相比，Linux 系统开发难度较高，调试工具不全，但是 Linux 是开放的系统，价格上更吸引人、更小、更稳定。

2.2.1　嵌入式开发环境

基于以上考虑，选用了 Ubuntu 操作系统，Ubuntu 操作系统经过数年的发展已经成为嵌入式开发系统必不可少的系统之一，通过和虚拟机的连调，可以很好地进行嵌入式开发。

其环境的搭建需要用到如下软件，如表 1 所示：

表 1 软件需求

软件	作用
Ubuntu 10. 04	Linux 系统，软件平台依托
Vmware 10	Virtual Machine，方便调试程序
arm – linux – gcc4. 4. 3	把源代码转化为可执行程序编译器
Qt – opensource – src – 4. 6. 3. tar. gz	Qt 源码包，各个平台程序运行链接库
Qt Creator	Qt 软件开发的环境

由于在进行程序开发时，我们是在 PC 机上编写程序的，而这些程序最终要被下载到 ARM 中的嵌入式系统中来运行。所以在安装完嵌入式开发环境后还需要进行交叉编译环境的配置，其中包括了交叉编译工具的安装，这样就可以实现在 PC 机和嵌入式设备间的交叉编译。同时还需要对系统进行 Uboot 的移植、nandflash 的移植、文件系统 yaffs2 的移植。

U – boot 负责配置系统的启动参数，几乎支持所有的嵌入式操作系统和硬件。由于大型的工程项目，需要进行统一编译，经常需要使用一个编译程序来对项目的编译进行约束，这就是 makefile。makefile 本身也是一个脚本程序，它按照某种规则按顺序编译项目中的各个功能模块，定义编译器与链接库之间的关系，还会描述各个模块之间的关系。本文采用的嵌入式系统的版本是 Linux2. 6. 3，支持很多种平台并且功能丰富。重新编译以及修改 Linux 内核，目的是使内核可以在 S3C6410 平台中运行，友好的支持开发。

2. 2. 2 Qt 集成开发环境

Qt 是由奇趣开发的一个图形界面应用程序框架，它的一大特点是基于 C + + 且跨平台。解压 Qt – opensource – src – 4. 6. 3. tar. gz 后，利用其提供的各种库文件在 Linux 平台上进行 Qt 程序的编写，还离不开 Qt Creator 软件的安装，环境变量的配置等关键步骤[5]。

当在 QtCreator 中编写完程序以后，只需要利用交叉编译器对程序进行交叉编译，就可以在目标平台中运行。环境变量的设置程序运行需要一些链接库的支持，要在环境变量当中指定环境变量的路径，程序就可以根据环境变量指定的路径寻找自己运行所必需的库文件。

3 显控系统设计

软件是应用于嵌入式平台的声纳显控软件，最基本的要求是实现声纳图像的显示以及系统的控制，并且具有实时性的特点。为了提高软件的性能、加强人机交互，使用者更加容易的对整个系统进行操控，要对软件所具有的功能进行规划。

3.1 Qt的编程思想

Qt中提供了风格多种多样的界面元素，利用面向对象的思想可以实现模块化编程。在进行UI界面编程时，常常希望串口之间可以相互通信、动作响应。为了解决这个问题，在Qt编程当中，采用了信号与槽的方式进行各个对象之间的通信[6]。如图3所示，表示了Qt信号与槽的机制，它是指当一个特定的动作产生时，与它连接的动作也会接收到通知做出相应的响应，也就是说，当一个信号（Signals）被发出，与之相连的槽（Slots）就会得到发出的信息，并且立刻执行相应的动作。

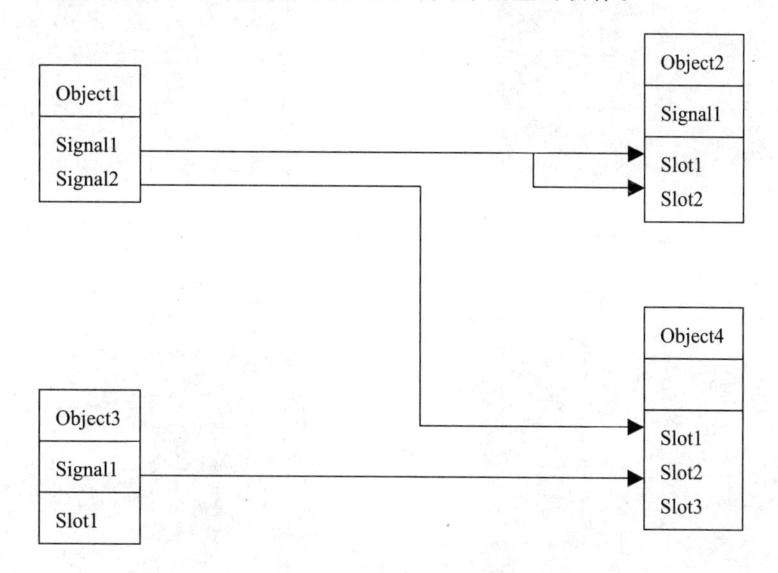

图3 信号与槽的结构

信号与槽之间的连接是利用关键字“connected”来关联的，它有四个变量按顺序来说是发送者、发射信号、接收者和响应的动作。该函数定义如下：bool QObject::connect（const QObject * sender，const char * signal，const QObject * receiver，const char * member）[static]。

3.2 界面设计

界面设计主要分为主显示界面和设置界面两大部分。设置界面含：系统设置、串口参数设置、阈值设置、功率增益控制。对于带有用户界面的软件设计，窗口的尺寸通常是以像素为坐标系进行设，符合显示器的最优化显示分辨率，采用多窗口以及菜单栏显示，软件的主窗口如图4所示：

在程序设计过程中用到了六个类：MainGui、DepthGridViewGui、SettingSystemGui、SettingPortGui、SettingThresholdGui、SettingPowerGainGui。

因为系统包含的功能中包含温度的显示，GPS信息的显示，所以作如下设计，并根据需求设计“配置选项”，在配置中包括系统设置和参数设置等具体相关设置，如图4、图5、图6、图7所示。

图4　显示界面

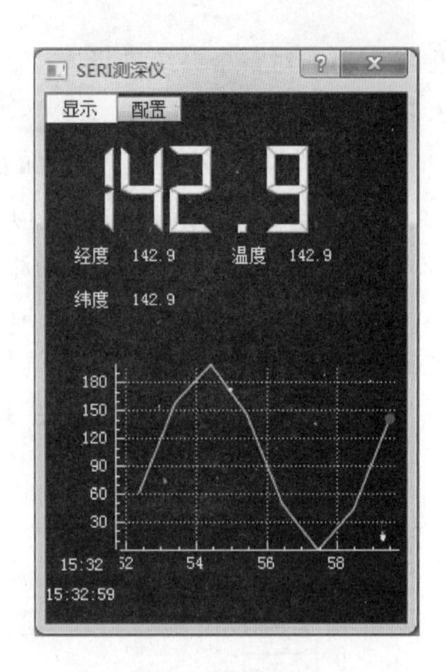

图5　设置界面

图6　串口设置

图7　阈值设置

根据显示的内容得知还要有如下类的设计才能满足需求：

class MainGui：

主界面显示深度等信息：与工作任务通过全局变量struct读取需要显示的信息，同时绘制出深度曲线。包含以下函数：placeControl（）用来放置全部控件，showDepth（）显示度，showPosition（）显示经纬度，showTemper（）显示温度，showTime（）显示时间，updateInfor（）用来实现界面刷新。

class DepthGridViewGui：

绘制depth曲线：单独设置一个类class depthGridViewGui，根据读取得到的深度值绘制 depth 曲线。包含以下函数：placeControl（）放置全部控件，pushDepth（depth，time）读取深度值，clearAll（）清空 depth 曲线，void paintline（）绘制曲线。

class depthGridViewGui：public Qwidget {}。

绘制曲线思路：

（1）横坐标：时间，纵坐标：深度。时间实时变化，深度刻度根据这一组数据中的最大 depth 合理显示。

（2）设定原点坐标、等间距标注横纵坐标刻度。

（3）读取最大 depth，确定合理的深度刻度显示，然后确定每个深度值的位置，调用 void paintline（）函数即可绘制曲线。

class SettingSystemGui：

系统设置界面：点击主界面上的“设置”。包含以下函数：placeControl（）放置全部控件，getSynModle（）用于读取同步方式，getGpsModle（）用于读取 GPS 模式。

class SettingPortGui：

串口设置界面：设置串口参数，将串口设置参数从界面读取出来。包含以下函数：placeControl（），放置全部控件 getPortInfor（）读取波特率、校验位、数据位、停止位信息。

class SettingThresholdGui：

阈值设置界面：设置阈值参数，将“水深过低警报参数”和“水深过高警报参数”从界面读取出来。包含以下参数：placeControl（），放置全部控件 getThresholdInfor（）读取水深过低报警参数和水深过高警报参数信息。

class SettingPowerGainGui：

功率增益控制界面：设置功率增益参数，功率和增益参数从界面读取出来。包含以下参数：placeControl（）放置全部控件，getPowerGainInfor（）读取功率和增益等参数信息。

为了满足测深仪图像显示实时性的要求，软件采用多线程的结构才能保证主显示窗口工作的同时串口也能收发数据。其中主线程是用户所看到的 GUI 界面，次线程是通信模块。显控平台接收到据以后，主线程进行显示，总体工作流程如图 8 所示。

3.3　系统的移植

当在 QtCreator 中编写完程序以后，只需要利用交叉编译器对程序进行交叉编译，使序链接编译好的库文件在目标平台中运行。

（1）环境变量的设置。

程序运行需要一些链接库的支持，要在环境变量当中指定环境变量的路径，程序就可以根据环境变量指定的路径寻找自己运行所必需的库文件。编译 Qt SDK 的时候，其中编译了 ARM 版本的 Qt 库，在程序所在目录下，/lib 目录当中所有的库文件即是程序运行所需要的库。在开发板根文件系统目录/etc/profile 文件中添加环境变量，对

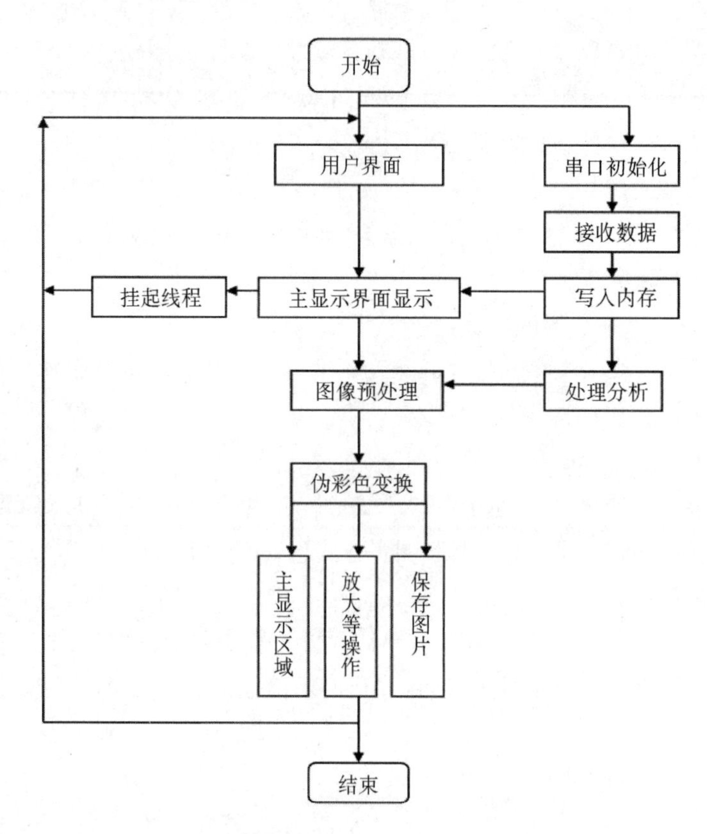

图8　测深仪工作流程

于所有的 Linux 系统其中程序运行所需要的库的目录都是在这个文件中定义的。如下面的环境变量设置中，export PATH 指定了程序运行所需要库的所在目录，程序运行时会在这几个目录中寻找库文件：

```
export QWS_DISPLAY = :1
export LD_LIBRARY_PATH = /usr/local/lib: $ LD_LIBRARY_PATH
export PATH = /bin:/sbin:/usr/bin/:/usr/sbin:/usr/local/bin
if [ -c /dev/touchscreen ]; then
export
QWS_MOUSE_PROTO = " Tslib MouseMan:/dev/input/mice"
if [ ! -s /etc/pointercal ] ;
then rm /etc/pointercal/usr/bin/ts_calibrate //触摸屏校准
else
export QWS_MOUSE_PROTO = " MouseMan:/dev/input/mice" //鼠标
if export QWS_KEYBOARD = TTY:/dev/tty1//键盘
```

（2）软件的语言设置。

Qt 增加了国际化的功能，提供中文字体显示，所以我们在程序的主函数中添加如下代码：

QTextCodec:: setCodecForTr (QTextCodec:: codecForName (" utf-8")); //文字编码是 utf-8;

QFont font (" wenquanyi", 10); //程序中字体是“文泉”字体，大小是 10 号。

4 结　论

本文主要研究了在 Linux 嵌入式平台下成像显控软件的设计与实现，完成了软件开发环境的搭建，在 S3C6410 开发板的硬件平台中移植了 Linux 嵌入式系统内核和根文件系统，PC 机上建立了完整的软件集成开发环境 Qt。在 PC 机上完成 Qt 程序的设计后进行到 LCD 屏上的移植，用以更好地支持嵌入式系统平台，从而配合硬件平台显示和控制数据。

参考文献

[1] 高小丽．声成像系统显控软件设计及后处理技术 [D]．哈尔滨工程大学硕士学位论文，2008.
[2] 刘伯胜等．水声学原理 [M]．哈尔滨工程大学出版社，1994：2-10.
[3] 卞红雨等．声透镜波束形成技术仿真研究 [J]．哈尔滨工程大学学报，2004.
[4] 陈敏．嵌入式 Linux 应用支撑技术 [D]．西北工业大学硕士学位论文，2005.
[5] 蔡志明．精通 Qt4 编程 [M]．电子工业出版社，2011.
[6] 丁林松．Qt4 图形设计与嵌入式开发 [M]．北京：人民邮电出版社，2009.

声学测深仪的嵌入式设计

张宇　刘晨晨

（石家庄铁道大学信息科学与技术学院，河北石家庄市 050043）

Embedded Design of Acoustic Sounding Instrument

Zhang Yu　Liu ChenChen

（School of Information Science and Technology，Shijiazhuang Tiedao University，Shijiazhuang 050043，China）

【摘要】在借鉴和吸取国内外先进的声学测深仪设计的基础上，本文详细介绍了一种低功耗，低成本且性能稳定的设计方案。本文的主要任务是测深仪硬件部分和数据显示设置的设计与实现。硬件设计部分包括嵌入式核心板 PCB 设计，发射机与接收机主要电路设计。从而与 LCD 屏进行串口通信，用以显示相关数据。论文还对显控处理软件进行了设计，以实现相关设置及测深结果显示。程序的设计则实现在嵌入式系统基础上，接收机与 LCD 屏间的串行通信及增益调节控制。最后通过实验验证了硬件电路的联通性及软件设计的合理性，验证了整个测深系统的性能指标满足设计要求。

【关键词】嵌入式设计　测深仪　电路设计　设备驱动

【Abstract】 On the basis of draw lessoans from domestic and international advanced Echo Sounder，this paper details a kind of design scheme，which is low power consumption，low cost and stable performance，the main task of this paper that contains hardware and data display settings and realization. the hardware includes PCB design of embedded core board，main circuit design of transmitter and receiver. thenserial communicationwith LCD screen，for displayingthe related data. the paper also designs the software of the display and control，for achieving correlation setting and sounding results display. on the basis of embedded system，program design on it，serial communication between receiver and LCD screen and gain control. finally，the rationality of the hardware circuit and software design are verified by experiments. the performance index of the whole system is verified to meet the design requirements.

【Keywords】 Embedded Design　Sounding Instrument　Circuit Design　Device Driver

单波束测深仪灵活机动，由于其体积小，安装方便，供电灵活而适用于大小不同的各类船只。尤其是其价格相对较低，因此具有广阔的市场。目前国外船用测量设备的发展有两个方向：一是综合全面的方向，将水深、地貌、剖面结合起来一同测量，形成大的自动化系统。二是小而全，即小型轻便，操作简单，具有多种接口，能连接定位仪、涌浪滤波器、外部控制等多种设备。本论文将就后者的方向做延展，处理器核心板通过 PCB 设计布局，以及发射机和接收机电路的设计以更好地支持嵌入式硬件部分。而软件部分，通过 QT 编写的界面，使之在 LCD 上能显示更完善的采集信息和设置选项，其中还包括各个串口中断驱动的编写，自行编译裁剪内核，而形成适合的嵌入式系统。

1　测试仪工作原理及结构框图

1.1　工作原理

回声测深仪的工作原理是利用换能器在水中发出声波，当声波遇到障碍物而反射回换能器时，根据声波往返的时间和所测水域中声波传播的速度，就可以求得障碍物与换能器之间的距离[1]。换能器在水中发出声波，声波遇到目标物如海底会发生反射现象，当发射波到达换能器时，根据接收回波与发射脉冲间的时间差就可以得到测量点深度，设在船底安装换能器 A 和 B，两换能器间隔为 S，M 为 AB 中点船底到海底的垂直距离为 h，船舶吃水为 D，水深为 H，如图 1 所示。

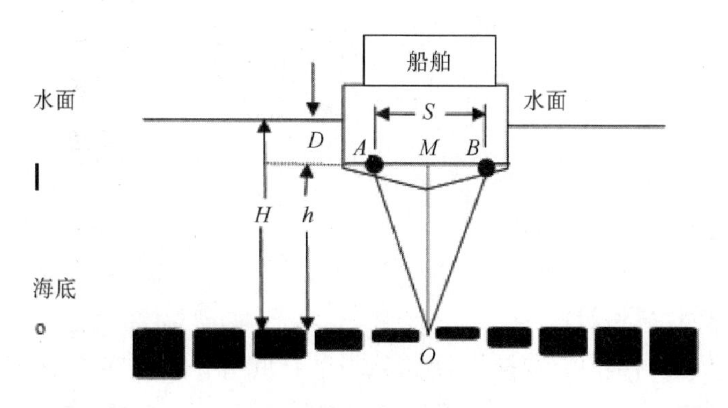

图 1　测深仪工作原理图

由图可知：水深应为：

$$H = D + h \tag{1}$$

已知船吃水为 D，只要确定 h 就可以求得水深 H。水中的传播速度 c 为常量，近似取为 1500m/s，声信号从换能器 A 发射后沿路径 AO 传播到海底，经 O 点反射后沿路径 BO 回到接收换能器 B 的往返时间为 t，由图可知：

$$h = MO = \sqrt{(AO)^2 - (AM)^2} = \sqrt{(ct/2)^2 - (S/2)^2} \tag{2}$$

若S值为0，公式（2）可以简化为：

$$h = ct/2 \tag{3}$$

由公式可知，回声测深仪测得的是船底到海底深度h，通过测量声波返回时间就可以计算得到船的深度，由于深度在一定范围内声速c随外界温度、盐度等因素影响变化不大，理论计算时可以近似取为1500m/s。

1.2　测深仪结构框图

回声测深仪由三部分组成：收发系统、嵌入式系统平台和外围接口组成。系统基本组成框图及主仪器框图如图2所示：

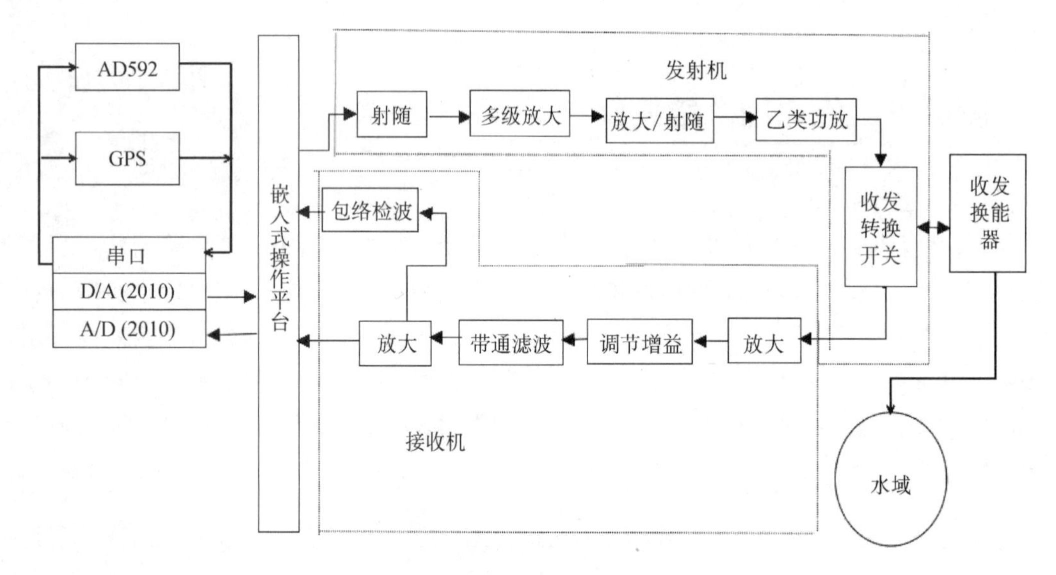

图2　测深仪结构框图

2　测深仪硬件电路设计

2.1　水声接收机设计

接收机通过收发转换电路与换能器连接，接收到的信号经过前置运算放大器放大后，通过自动增益控制对信号进行衰减，然后通过二级放大、带通滤波器、三级放大及包络检波，最后通过LCD显示控制对包络信号及原频信号通过采集卡进行采样（见图3）。

其主要芯片的选择如表1所示。

2.1.1　前置放大滤波电路

前置放大电路主要由MAX4494运算放大芯片、LTC6910组成，包含两级固定增益放大电路、两级二阶带通滤波电路、一级增益控制放大电路[2]（见表1）。在水声收发机中，由于信号收发时较小，需要经过放大后才能进行处理，所以放大电路起着至关重要的作用，图4是反馈放大电路。

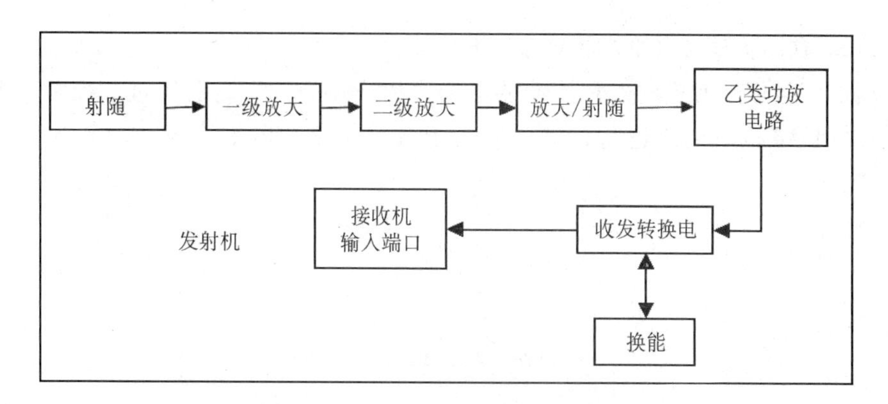

图 3　接收机电路组成及结构框图

表 1　　主要芯片选择

参数 功能模块	芯片型号	供电电压	功耗（max）	工作范围
带通滤波电路	MAX4494	±5V	800mW	≤300kHz
运算放大电路	LTC6910	±5V	140mW	≥5 倍
增益控制电路	AD8022	+5V	1000mW	≤88.5dB
电平比较	LM339	±5V	500mW	0℃—70℃
串口电路	MAX3232	+3V— +5V	571mW	-25V— +25V

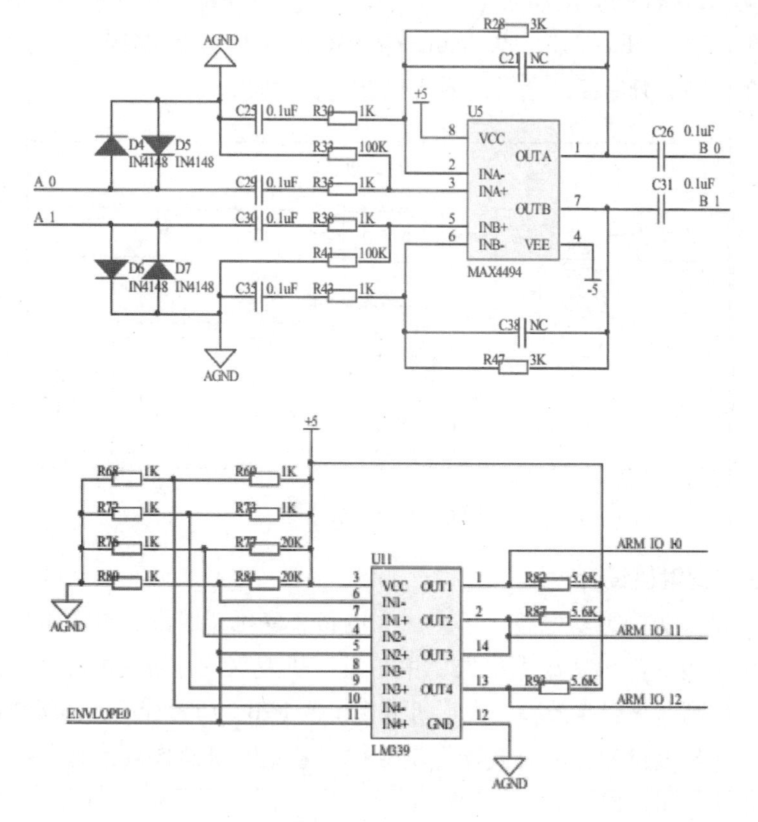

图 4　反馈放大电路

2.1.2　包络检波与电平比较电路

微弱的信号经过前置放大和滤波的电路之后变得很大，之后经过二极管、电阻和电容组成的包络检波电路进行检波，以便于进行后续的电平比较。图 5 为包络检波电路。

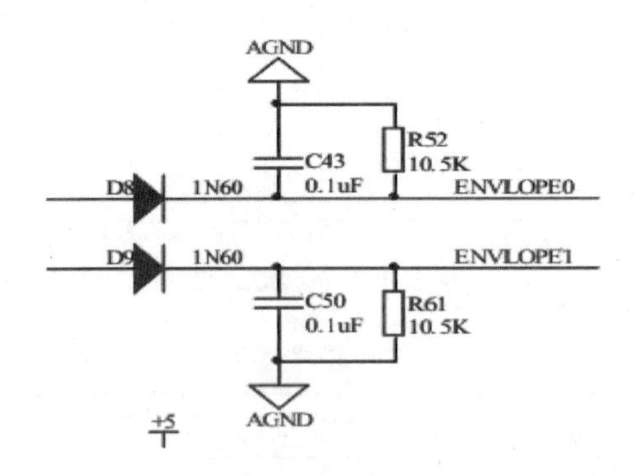

图 5　为包络检波电路

经过前置放大后的信号进入电压比较器，电压比较器由电压比较芯片 LM339 组成，电路如图 6 所示。以通道 A_ 0 信号为例，每组参考电压由 AGND 与 +3V 之间的两个电阻控制，ENVLOPE 与参考电压进行比较，输出 3 组电压 ARM_ IO_ 10、ARM_ IO_ 11 和 ARM_ IO_ 12，与 Samsung S3C6410 核心板连接，用于控制处理器 S3C6410 产生中断，判断回波信号的有无以及是否过大。

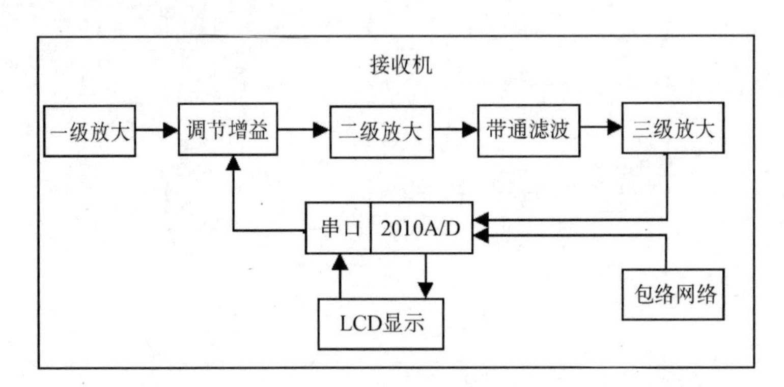

图 6　电平比较电路

2.2　水声发射机设计

发射机电路由功放驱动电路、功率放大电路、变压器匹配、电源电路、保护电路及收发转换电路组成。功率放大电路，由于发射机发射固定频率的脉冲及线形调频，而且工作频率较高，为提高效率，发射机采用快速 IGBT 功放管设计乙类推挽放大电路作为主回路。保护电路为功率放大器提供保护，避免因误操作或意外事故造成设备损坏。图 7 为推挽电路结构。

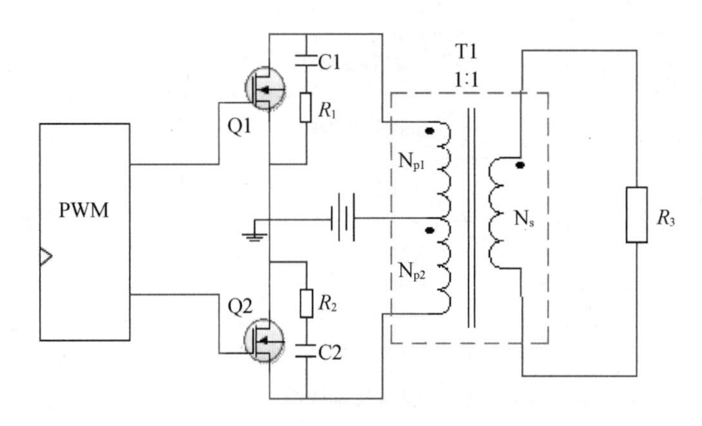

图 7　推挽电路结构

注意在实际布线中，各器件管脚间的引线越短越好，引线层间交替越少越好。尽量将信号线布在信号层上和电源层上，避免布在地层上。保证地层的完整性是设计高速电路时要注意的。

3　嵌入式系统的结构和设计

3.1　系统的结构

A RM 嵌入式硬件部分主要有如下几个模块组成：S3C6410，Flash，SDRAM，USB，串口控制模块，电源管理模块和网络模块[3]。ARM 嵌入式操作系统部分，主要完成这个系统的运行管理，数据的汇总，处理多设备，多任务的同步处理，主机命令解析，提供即插即用功能，提供丰富的接口方式，包括 USB，RS232，LCD 接口。

3.2　系统的设计

嵌入式操作系统，系统就具有了任务管理，定时器管理，存储器管理，资源管理，事件管理，系统管理，消息管理，队列管理和中断处理的能力，提供多任务处理，更好的分配系统资源等功能[4]。在执行时，应用程序只须调用操作系统的应用程序接口（API），不用再直接控制硬件和设置时序，底层的工作都交由操作系统来完成。嵌入式操作系统的实质是嵌入式系统启动后首先执行的一段程序，相当于用户的主程序，控制着应用程序与硬件的运行。其系统结构如图 8 所示。

3.3　嵌入式开发环境

嵌入式开发环境的搭建，是为了能在宿主机上对测深仪的嵌入式系统进行操作和设置。首先，要在宿主机上安装标准的 Linux 操作系统，本项目采用虚拟机和 Ubuntu 的操作系统。虚拟机具有方便、高速、安全且可在 Windows 下进行友好的操作等特点，Ubuntu 操作系统是近年来相对成熟且图形化支持十分友好的一款 Linux 操作系统。在确保宿主机的网卡驱动，网络通讯配置以及运行内存满足的情况下，可进行虚拟机的安装，然后安装 Ubuntu 的操作系统。安装完成后界面如图 9 所示。

图8　嵌入式系统结构

图9　虚拟机下的 Ubuntu 界面

在图9中也能看到 arm - linux - 4.4.1 和 arm - linux - 4.3.2 这两种交叉编译器。图10为在执行 arm - linux - gcc - v 的命令时所显示交叉编译器安装正确。

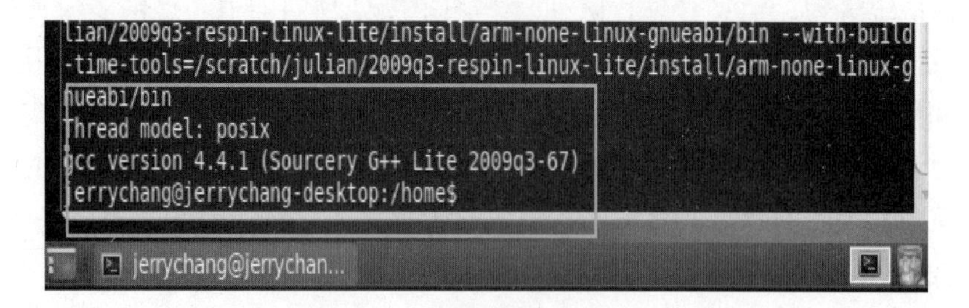

图10　交叉编译环境的配置

4　软件设计方案

嵌入式操作系统的配置，在 Linux 环境的设置操作中，还包括裁剪配置 Linux 内核并重新编译，以产生新的内核。操作系统主要由三个基本部分组成：Bootloader，Linux内核，以及硬件的设备驱动程序。

4.1 引导程序 Bootloader

引导启动程序 Bootloader 在操作系统内核运行之前运行，是每次上电后首先执行的一段程序，引导加载程序进行初始化和引导系统，在微处理器第一次启动时在预先设置的地址上执行。在本平台的设计中采用了自行设计 U－boot 做引导程序，然后对生成的 Uboot.bin 文件进移植，又包含了 NAND Flash 设备移植，SD 卡/MMC 设备移植，DM9000 网卡移植等工作。

4.2 Linux 内核

内核主要由四个基本部分组成：内存管理、进程管理、进程间通信、文件系统进程和中断处理。ARM 所提供的 Linux 源码包中的许多内容在本项目中没有作用，根据实际需要，只选择那些必要的模块和驱动，所以要进行适当的配置和裁剪。本项目采用开源 Linux－3.8.3 内核移植，其稳定性是被选择的关键。其中包含了测试内核，NAND Flash 驱动移植，生成 YAFFS2 根文件系统等。

4.3 设备驱动

设备驱动程序是一个硬件设备接入到应用系统的一个软件接口，通过驱动程序，可以调用标准的系统文件。这种设备管理方法可以很好地做到设备无关性，使 Linux 可以根据硬件外设的发展进行方便的扩展，要实现一个设备驱动程序，只要根据具体的硬件特性向文件系统的提供一组访问接口即可。这部分还需接口程序的入口函数，GPIO 驱动、PWM 驱动和 ADC 驱动的设计。整个设备管理子系统的结构如图 11 所示。

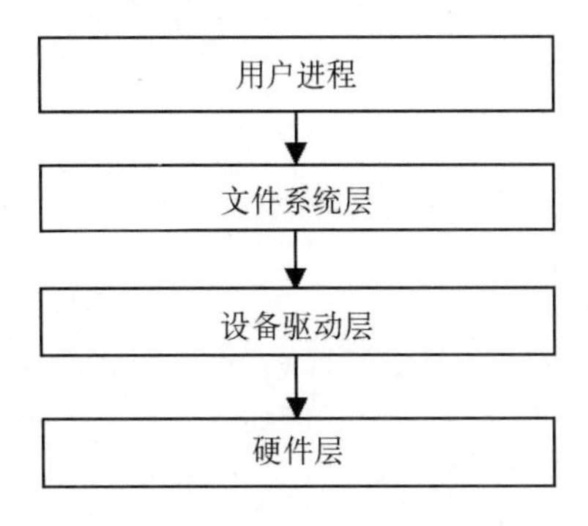

图11 设备驱动分层示意图

5 结 论

基于 ARM 的嵌入式系统具有丰富的外围接口，不需要专用外围控制芯片，成为便携式电子产品的首选，其 Linux 系统平台更为整个系统的可实现提供了稳定的系统支持，基于 Linux 平台的软件开发相对较容易，开发周期短，内核完善，主要是应用层开发和部分底层驱动开发，Linux 有优秀的用户图形界面，在图像的显示控制方面有其自身优势。

（1）根据拟实现的指标和功能，对基于嵌入式回声测深仪的总体方案进行了讨论，对设计方案的实时性进行了分析，介绍了基于嵌入式回声测深仪的硬件平台和软件设计方案，

（2）讨论了回声测深仪的发射机和接收机的电路设计，功放电路设计实现，增益调节，电路设计上尽可能提高超声波的有效发射功率和超声波接收机的信噪比。

（3）对基于 Linux 操作平台的 S3C6410 的系统设计，包含 Bootloader，Linux 内核，以及硬件的设备驱动程序设计，驱动程序的结构和接口程序的入口函数的讨论，GPIO 驱动、PWM 驱动和 ADC 驱动的设计。

从实验的基础上可以论证其可行性

参考文献

[1] 熊鹰，吕涛．数字测深仪技术［J］．声学技术，1999，18（A11）：22－25.

[2] 姜璐．回声测深仪在导航中的应用及误差分析［J］．航海技术，2008，3：43.

[3] 刘显荣．基于 S3C6410 的触摸屏控制［J］．ARM 开发与应用，2007，23（4.2）：184－187.

[4] Samsung Electronics Co.，Ltd. S3C2440A 32 – Bit CMOS Microcontroller User'S Manual，Revision 1，2004.

第6章
教育技术及应用

基于二维码技术的图书设计

郑洋　范通让

（石家庄铁道大学信息科学与技术学院，河北石家庄市 050043）

Book Design based on Two Dimensional Code Technology

Zheng Yang, Fan Tongrang

(School of Information Science and Technology, Shijiazhuang Tiedao University, Shijiazhuang 050043, China)

【摘要】随着计算机技术以及网络技术的飞速发展，智能手机以及平板电脑等移动设备进入了普通百姓的生活。这些移动终端拥有着独立的操作系统，支持用户进行软件的安装，同时使用便捷，操作方便，为学习和生活提供了一个良好的平台。这些新媒体技术的发展，使得全新的阅读手段的出现，二维码就是其中的一种。二维码作为一个拥有大容量的存储条码，可以存储文字、图片、音频、视频、URL 等多种信息。将二维码与图书相结合我们称之为二维码图书，通过对文中的二维码进行扫描，读者可以方便的访问到各种扩展资源。本文提出一种传统图书结合二维码的新型二维码图书系统，将会在今后的图书出版中带来革新。

【关键词】QR 码　二维码图书　移动设备　二维码图书系统

【Abstract】 With the rapid development of computer technology and network technology, smart phones and tablet computers and other mobile devices into the lives of ordinary people. These mobile terminals have an independent operating system, support for the installation of users, while the use of convenient, easy to operate, to provide a good platform for learning and life. The development of these new media technology, making the emergence of new reading means, the two - dimensional code is one of the. Two dimensional code as a large capacity of storage bar code, you can store text, pictures, audio, video, URL and other information. The combination of the two dimensional code and the book is called a two dimensional code, which can be easily accessed by the reader through the two - dimensional code scanning. This paper proposes a new type of two - dimensional code book system which is based on the traditional books, which will bring about the reform of the book publishing in the future.

【Keywords】 QR Code　Two Dimensional Code Book　Mobile Device　Two Dimensional Code Book System

伴随着二维码技术的不断进步，其应用范围也在不断扩展。目前，二维码技术已被应用于报刊、杂志、教材等诸多领域，并且已成为这些领域当中的关键革新技术之一。如何使用二维码技术在传统图书中进行大胆创新，使之在其中发挥重要作用，成为需要不断深入研究与探索的课题。本文提出一种基于二维码的新媒体图书设计，介绍了二维码图书的一些功能及使用方法。二维码图书改变了原有传统图书的获取形式，简化了资源的获取过程，并利用此过程中的互动和反馈得到更多的知识，具有重大的研究与应用意义。

1 二维码技术

二维码（2 – dimensional bar code），又称二维条码，是用一些特定的几何图案按规律在二维方向上分布的黑白相间的图形，用来记录数据符号信息[1]。在目前，新媒体技术飞速发展，二维码作为一个信息传播的桥梁已经广泛应用于图书馆[2,3]、英语学习[4]、科学教育[5]、构造户外学习环境[6]、物品和资产管理[7]、电子票务[8]，等。用户通过智能手机软件对二维码进行扫描，即可实现对内容的阅读，快速地获得所需的相关信息。

目前最为流行的二维码是 QR 码（Quick Response code）。QR 码是 1994 年由日本 Denso – Wave 公司发明的，共有 40 种规格，分别为版本 1、版本 2、...、版本 40。版本 1 的规格为 21 模块 ×21 模块，版本 2 为 25 模块 ×25 模块，以此类推，每一个版本符号比前一版本每边增加 4 个模块，直到版本 40，规格为 177 模块 ×177 模块[9]。其中版本 40 可以容纳多达 1108 个字节，比普通的条码信息容量高约几十倍，而且无须像普通条码一样在扫描时需直线对准扫描器。

2 二维码在图书中的创新应用

2.1 二维码在图书中的新应用研究

书籍是人类文明的伟大标志，从甲骨、竹简到纸张，从刀刻、笔墨到印刷术的出现，图书一直都是人类用来记录信息、传递信息的载体，而它一直是以文字 + 载体的形式出现的。而在计算机技术、网络技术飞速发展的今天，传统的纸质图书所固有的稳定性、封闭性和静态性与现今生活的快速多元化相冲突。

将二维码技术融入到图书中，使图书具有颠覆性的变化，让读者更好地理解掌握图书中的内容知识。

2.2 二维码图书具有的优势

二维码为纸质图书与新媒体搭建了良好的桥梁，二维码图书具有巨大的优势，可以为传统的图书出版业带来巨大的革新[10]。首先，二维码图书实现了阅读的延展性。

传统的纸质图书由于受限于版面及其内容十分有限，二维码图书则通过移动设备扫描二维码上网，使读者可以获取更多的文字、图片、音频视频等信息，让读者获取更加深度的内容。其次，二维码带来了便捷高效的图书阅读。在二维码中存储信息，帮助读者快速地获取相关知识，具有快速、方便的特点。最后，二维码图书是一种交互性图书。通过对二维码的扫描，读者可以方便与其他用户进行互动，互相学习了解相关知识。出版商业可以通过读者对二维码的扫描知道点击率、阅读规律等平时难以统计的用户信息，利用这些信息更加针对性地改进服务，获取利益。

3　二维码图书的创新应用

3.1　二维码图书设计概要

（1）二维码图书是以传统图书为基础的，符合传统图书的阅读要求。符合传统图书的阅读要求是指二维码图书应满足图书的编号、图书的基本格式、图书的技术规范等要求。

（2）二维码图书应遵循阅读者阅读规律进行编排。因为二维码图书在传统图书中增添了对于各种资源链接的二维码，因此可以在传统图书的编排上进行改变：

①将传统图书中占用大量篇幅的图片去掉，通过二维码在移动设备上呈现；

②将传统图书中的拓展内容去掉，通过二维码在移动设备上呈现；

③图书中文字与二维码混排给读者带来视觉上的混乱，将图书右侧留白加宽，把相应部分的二维码放入其中。

（3）二维码图书应附带使用说明。可在书中简要介绍书中二维码的使用方法，以及简单地介绍二维码中所链接的内容。

3.2　二维码图书设计

在图书编写过程中将多余的图片、文字进行整理，图书中案例部分制作相关的视频、音频，故事情节中可以增加对人物的介绍等。在图书中增加二维码标签，二维码标签中保存URL，为用户提供相关的扩展阅读的功能。二维码中保存了文字、图片、音频、视频等阅读资源的网络URL。读者使用移动设备扫描二维码，将二维码经过视频处理和二值化处理后，将二维码转换为文本字符串的URL。然后根据URL中保存的资源，连接到相关的播放器中，显示URL定义的内容。

制作一个相关图书的系统，在图书的开头增加一个图书系统的二维码，读者在看书前可以扫描进入，了解内容以及与其他读者一同分享。

3.3　二维码图书系统设计

传统的图书出版关注点在于资源的挑选和编排，而在二维码图书中，出版商还需要考虑到资源与二维码匹配这一环节。因此，设计一个系统使读者和管理员更加便捷地管理二维码图书。

（1）管理员登录系统，创建图书内容，设置讨论组，并对讨论组中内容进行增删改查管理。

（2）管理员登录系统，在对图书的章节下添加资源，包括文字、图片、音频、视频资料等，并对资源进行增删改查管理，在增加资源时，系统自动生成包含资源的二维码图像。

（3）在图书中增加二维码连接系统，使阅读者可以下载安装。

（4）读者进入应用并通过购买图书是赠送的账号登录，用移动设备扫描图书中二维码，可以阅读相应资源。如果是音频、视频资源，调用移动设备上的播放器进行播放。

（5）读者在阅读完相应资源后，可以获得相关资源的连接推荐，管理员为用户匹配相关性较高的资源，减少信息迷失。

（6）建立讨论组，读者在阅读过程中可以与其他读者交流，共同学习。

4　结　论

随着计算机技术和信息技术的不断发展，新的阅读设备阅读手段也不断产生，传统图书行业在新的技术的冲击下不得不进行变革。二维码技术与传统图书的结合可以给读者带来新的阅读模式和阅读体验，满足现在读者对内容的简洁性、趣味性、快速性特点的需要。本文将二维码技术与传统的图书进行了深度融合，提出了一种图书阅读系统，改变了传统图书为读者呈现内容的单一性。在接下来的工作中，在改善系统不足的基础上，对系统进行进一步的完善。虽然有许多不成熟的地方，但是二维码为图书提供的快捷、便利、互动的优势是无与伦比的，在图书出版业中有着巨大的应用优势和应用前景。

参考文献

［1］ EDGE D，SEARLE E，CHIU K，et al. Micro Mandarin：mobile language learning in context［C］. New York：ACM，2011.

［2］ 孙晓瑜，王荣宗. 国外手机二维码技术在图书馆中的应用及启示［J］. 图书馆学研究，2011（06）：23－25.

［3］ ASHFORD R. QR codes and academic libraries Reaching mobile users［J］. College & Research Libraries News. 2010，71（10）：526－530.

［4］ LIU T.，TAN T.，CHU Y. QR Code and Augmented Reality－Supported Mobile English Learning System［M］. Berlin：Springer，2010：5960. 37－52.

［5］ YANG K. H.，CHEN H.，LIU C. Applying QR Code to Assisted Instruction of Science in the Elementary School Taking Learning the Animals and Plants on Campus as an Example［J］. Journal of Cultural and Creative Industries Research，2013，3（1）：25－32.

［6］ LAI H，CHANG C，Wen－Shiane L，et al. The implementation of mobile learning in outdoor education：Application of QR codes［J］. British Journal of Educational Technology. 2013，44（2）：E57－E62.

［7］ 牟金进. 基于手机平台的二维码物品信息管理系统的设计与实现［D］. 北京：北京交通大学，2012.

［8］ 康春颖. 基于二维码技术的电子票务系统的研究［J］. 哈尔滨商业大学学报：自然科学版，2009（02）：178－181.

［9］ DENSO WAVE INCORPORATED. QR 码的标准化［Z］. 2013.［2013. 9. 10］. http：//www. qrcode. com/zh/about/standards. html.

［10］ 刘虹娇. 基于移动终端的二维码教材设计［J］. 华东师范大学，2013，TP391. 44；tp311. 52；G436.

基于Hadoop的智能推荐系统中协同过滤算法的研究

李冰莹 王学军

（石家庄铁道大学信息科学与技术学院，河北石家庄市 050043）

Research on collaborative filtering algorithm Hadoop - based intelligent recommendation system

Li Bingying, Wang Xuejun

(School of Information Science and Technology, Shijiazhuang Tiedao University, Shijiazhuang 050043, China)

【摘要】基于Hadoop和MapReduce的数据分析模型与分析算法，充分利用教育云平台对全省及全国部分省市中学测验、考试练习等大数据进行挖掘及分析，呈现出学生对于不同知识点的掌握情况。面对协同过滤中的稀疏性和冷启动问题，利用协同过滤算法中关联规则推荐和基于用户的协同过滤算法向学生智能推荐需要强化的题目类型，从而指导学生加强训练，实现智慧学习。

【关键词】Hadoop 协同过滤 智能推荐 智慧学习

【Abstract】Hadoop and MapReduce - based data analysis models and analysis algorithms take advantage of the cloud platform of education and some provinces and cities of the province's high school test, practice exams and other large data mining and analysis, showing the students for different knowledge to grasp the situation. Faced with collaborative filtering sparse and cold start problem, use collaborative filtering algorithm association rules recommended and user - based collaborative filtering algorithm intelligent recommendation to the students the need to strengthen the subject type, to guide students to strengthen training and wisdom learning.

【Keywords】Hadoop Collaborative Filtering Intelligent Recommendation Wisdom Learning

随着互联网的飞速发展，面对海量的数据用户的个性化推荐成为一个亟待解决的问题。基于协同过滤算法的智能推荐是解决这一难题的良好方案，它能够利用教育云平台对全省及部分省市中学测验、考试练习等数据的挖掘及分析，跟踪学生的行为档案，了解学生的学习状况，呈现出某个学生或群体对不同知识点的掌握情况，找出各知识点之间的关联关系，指导学生加强训练，向学生智能推荐需要强化的题目类型。利用协同推荐中的关联规则推荐算法为用户的相关知识点之间生成关联规则，对生成的目标资源（相关知识点）进行用户协同推荐的相似性计算，找寻目标用户的最近邻居，根据在邻居集中用户对目标资源的评分高低，向用户推荐评分较高的资源，以方便用户的智慧学习。

1　协同推荐的三种技术

协同过滤技术采用的是基于邻居用户兴趣方向的方式，利用其他用户对资源项目的喜好程度，来获取用户的相似性，或者通过相似用户对某些资源的共同的好恶程度来预测某个用户对某个资源的评价，系统根据这些数据，都可以进行准确度高的个性化的推荐[1]。

在智能推荐领域，基于数据挖掘的智能推荐技术主要有三种推荐技术：基于内容聚类的协同过滤推荐、基于用户聚类的协同过滤推荐和关联规则推荐[2]。这三种推荐技术各有优缺点，基于内容的协同过滤推荐方法的优点：在用户推荐后的再推荐给其他用户推荐效果十分显著，但容易出现稀疏性问题；基于用户聚类的协同过滤推荐可以处理更复杂的非结构化对象，但存在系数问题和冷启动问题[3]。但是对于智慧学习领域选择关联规则确是非常合适的：大量用户的错误试题分析和相关知识点之间可以生成关联规则，不存在冷启动中的新资源和新用户问题。用户在分析试题的时候，相关联题目类型的知识点和训练题都会向其推荐，基于以上原因首先选择关联规则进行智能推荐。

2　关联规则的概念和算法

关联规则挖掘的目的在于挖掘数据集中各项之间的关联，规则可以表示为“$A=>B$”，简单来说就是“如果条件怎么样，那么结果就怎么样”的形式。设 $I=\{i_1, i_2, \cdots, i_m\}$ 是 m 个不同项的集合，设与某内容 D 是数据库事务的集合，其中每个事务 T 是项的集合，使得 $T\subseteq I$[4]。设 A 是一个项集，事务 T 包含 A，当且仅当 $A\subseteq T$。关联规则是形如 $A=>B$ 的蕴含式，其中当 $A\subset I$，$B\subset I$，并且 $A\cap B=\phi$。规则 A，B 在事务集 D 中成立，具有支持度 s 和置信度 c。

$$\text{support}\ (A=>B)=\frac{\text{包含}A\text{和}B\text{的记录条数}}{\text{记录总数}}$$

$$\text{confidence}\ (A=>B)=\frac{\text{包含}B\text{的记录条数}}{\text{记录总数}}$$

期望可信度描述在没有任何条件影响下，属性集 B 在所有事务中出现的概率：

$$\text{期望可信度}\ (A=>B)=\frac{\text{包含}B\text{的记录条数}}{\text{记录总数}}$$

作用度描述置信度与期望可信度的比值：

$$作用度（A=>B）=\frac{置信度}{期望可信度}$$

有意义的关联要满足最小支持度阀值（min_sup）和最小置信度阀值（min_conf）的规则，前者描述关联规则的频繁性，如果规则的支持度大于最小支持度则认为此规则是频繁项集，否则为非频繁项集。关联规则就是要从数据库中挖掘出满足用户要求的最小支持度和最小置信度的强关联规则[5]。

3　关联规则的 MapReduce 设计

关联规则算法需要扫描整个数据库，为了提高算法的效率，需要在 Hadoop 平台下采用 MapReduce 编程模型。该技术是由 Google 公司提出的一种典型的高效分布式并行编程模型，用户在 MapReduce 模型中制定出 Map 函数和 Reduce 函数，就能实现并行程序处理[6]。在 Hadoop 平台下的 MapReduce 模型封装了并行的细节和容错处理，只要指定 Map 和 Reduce 函数的运算过程，系统便会自动在大规模集群上并行运算。

本文在 Hadoop 平台上利用 MapReduce 实现协同过滤算法的并行化计算提高算法的执行效率和运行速度。算法主要分两个部分[7]：一是初始化原始数据，数据挖掘将全省及全国部分省市中学测验、考试练习等作为原始数据，通过关联模式生成来发现用户的浏览模式，经过模式分析与解释，将产生的读者借阅“规则”存储，分为若干大小一定的数据块以方便并行化计算；二是启动 Map 函数和 Reduce 函数进行数据的并行化计算，Map 函数处理数据的分解，将用户试题的知识点，历史访问记录作为数据块输入，经关联规则对频繁项集和关联规则发现的挖掘，Reduce 函数负责数据的汇集。最终产生知识点相关的推荐结果如图 1 所示。如 A 用户“3X + 5 = 17”这道题出错，系统依据相关知识点关联向用户推荐与之匹配的规则一元一次方程的概念，形式、解法和类似的测试题。

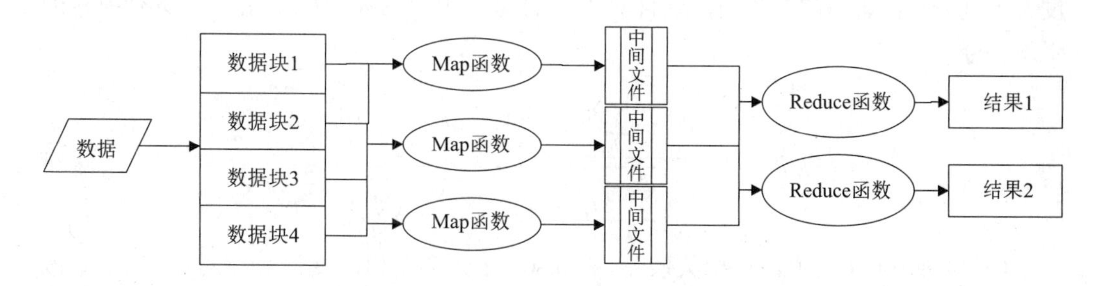

图 1　MapReduce 并行编程模型

利用关联规则生成相关知识点推荐，知识点涉及概念练习题，数据量多样且庞大，本文在利用知识点关联规则算法之后再次使用用户协同过滤算法，用户对资源的喜好主要通过对资源的评分来表现，同时也可以准确地反映出资源质量的高低[8]。本文依据用户对相关知识点的评分高低智能的向用户推荐使用率高，难易不同的教学内容和优秀的相关知识练习。

4 基于用户的协同过滤算法

基于用户的协同过滤算法基本思想是，如果用户间的兴趣、爱好相似，那么这些用户喜欢的事物也是一样的，这样就可以利用相似用户打过分的项目来预测目标用户没打过分的项目的评分[9]。算法主要分为三步，即建立用户—评分矩阵，寻找目标用户最近邻和最终得出推荐结果[10]。

4.1 建立用户—评分矩阵

本文以 $R_{m\times n}$ 代表有 m 个用户，n 个项目的原始用户—项目评分矩阵。

$$R_{\mathrm{m}\times n}=\begin{bmatrix} R_{1,1} & R_{1,2} & R_{1,3} & R_{1,4} & \cdots & R_{1,n} \\ R_{2,1} & R_{2,2} & R_{2,3} & R_{2,4} & \cdots & R_{2,n} \\ \vdots & \vdots & \vdots & \vdots & \vdots & \vdots \\ R_{m,1} & R_{m,2} & R_{m,3} & R_{m,4} & \cdots & R_{m,n} \end{bmatrix}$$

4.2 寻找目标用户的最近邻

能否准确找出目标用户的相似用户，这是算法的关键，常用的度量用户间相似度的方法主要有[11]：

（1）标准余弦相似度。将用户 p 和 q 的评分分别作为评分向量 $\overline{X}$，$\overline{Y}$，cos（$\overline{X}$，$\overline{Y}$）代表用户 p 和 q 的相似度。

$$\sin(p,q)=\cos(\overline{X},\overline{Y})=\frac{\overline{X}\cdot\overline{Y}}{|X|+|Y|} \tag{1}$$

（2）修正的余弦相似度。标准余弦相似度计算方法没有把不同用户的不同评价尺度考虑进去，修正后的余弦相似度计算方法将每个用户的评分减去用户对所有项目的平均评分。

$$\operatorname{sim}(p,q)=\frac{\sum_{i\in I_{p,q}}^{n}(r_{p,i}-\overline{r_p})\times(r_{q,i}-\overline{r_q})}{\sqrt{\sum_{i\in I_p}^{n}(r_{p,i}-\overline{r_p})^2\times\sum_{i\in I_q}^{n}(r_{q,i}-\overline{r_q})^2}} \tag{2}$$

（3）Pearson（皮尔森）相关系数。Pearson 相关系数相似度计算在对用户 p，q 做过评价的项目集合 $I_{p\times q}$ 中进行计算。

$$\operatorname{sim}(p,q)=\frac{\sum_{i\in I_{p,q}}^{n}(r_{p,i}-\overline{r_p})\times(r_{q,i}-\overline{r_q})}{\sqrt{\sum_{i\in I_{p,q}}^{n}(r_{p,i}-\overline{r_p})^2\times\sum_{i\in I_{p,q}}^{n}(r_{q,i}-\overline{r_q})^2}} \tag{3}$$

4.3 产生推荐

算法的最后步骤是通过计算用户的相似度，按照相似度高低排序，用前 k 个用户的打分来预测目标用户可能对资源的评分，然后把评分高的资源推荐给用户。目标用户 p 对未评分项 i 预测打分值 $T_{p,i}$的计算公式如下：

$$T_{p,i} = \overline{r_p} + \frac{\sum_{q \in N_u} \text{sim}(p,q) \times (r_{q,i} - \overline{r_q})}{\sum_{q \in N_p} |\text{sim}(p,q)|} \quad (4)$$

其中，N_p表示排序过后目标用户 p 的前 k 个相似邻居。

5 Hadoop 平台下的推荐分析

关联规则算法推荐的相关知识点作为原始数据，基于用户的协同过滤算法对原始数据进行用户评分高低的再推荐，在 Hadoop 云端资源库中利用 MapReduce 这样高效的分布式计算模型来进行大规模数据集的运算[12]，提高运算效率。

5.1 实验步骤细节

计算相似度是用户协同过滤算法的核心。下面详细说明 MapReduce 的各个步骤。

步骤一：读入原始矩阵，将评分值数据进行修正（项目 i 的评分减去项目 i 的平均评分）得到新的评分矩阵 R。

步骤二：在新的矩阵 R 上进行 MapReduce 并行化处理，Map 函数接受一个输入对，生成一个中间的 key－value 对集，MapReduce 库把其中具有相同 key 的中间值 Combine 在一起，之后再传给 Reduce 函数，Reduce 函数接受中间 key 和其相关的 value 集，再将其合并 value 使其成为更小的 value 集。

步骤三：对步骤二的结果进行排序，构成项目相似度矩阵 M。

步骤四：计算用户相似度 sim（p，q），Map 函数输入 <key，value>，把有相同 key 值的 value 值聚集交给 Reduce 处理，输出结果按 $T_{p,i}$计算，评分高的前 N 和推荐给用户。

例如：输入原始数据

第一题：相关知识点 101：评分 1.0 相关知识点 102：评分 1.0 相关知识点 103：评分 1.0

第二题：相关知识点 103：评分 1.0 相关知识点 104：评分 1.0 相关知识点 102：评分 1.0

第三题：相关知识点 101：评分 1.0 相关知识点 102：评分 1.0 相关知识点 104：评分 1.0

第四题：相关知识点 103：评分 1.0 相关知识点 102：评分 1.0 相关知识点 101：评分 1.0

第五题：相关知识点 105：评分 1.0 相关知识点 104：评分 1.0 相关知识点 102：评

分1.0

利用基于Hadoop的用户协同过滤算法的实现启动MapReduce，默认评分为1.0。启动MapReduce时，生成知识点共现矩阵，运行Map1函数输入的key/value对：

(1，[102:1.0，103:1.0，101:1.0])，

输出对列表：(102，103)(102，101)(103，101)

运行Map2函数输入的key/value对：

(2，[104:1.0，102:1.0，103:1.0])，

输出对列表：(104，102)(104，101)(102，103)

运行Combiner函数，对同一key的value先合并处理，接着输出以下key/value对列表：

(102，[103，101])(103，101)和(104，[102，101])

完整的共现矩阵如表1所示：

表1　　共　现　矩　阵

	101	102	103	104	105
101	3.0	3.0	2.0	1.0	0
102	3.0	5.0	3.0	3.0	1.0
103	2.0	3.0	3.0	1.0	0
104	1.0	1.0	1.0	3.0	1.0
105	0	1.0	0	1.0	1.0

再次启动MapReduce分割用户向量，Map函数输入<key，value>，把有相同key值的value值聚集交给Reduce处理，输出结果按$T_{p,i}$计算如表2所示：

表2　　用户对知识点的评分推荐矩阵

	1	2	3	4	5
101	1.0	0	1.0	1.0	0
102	1.0	1.0	1.0	1.0	1.0
103	1.0	1.0	0	1.0	0
104	0	1.0	1.0	0	1.0
105	0	0	0	0	1.0

5.2　实验结果分析

在Hadoop平台下进行MapReduce并行模式下扩展里性能的比较，在1、2、3、4、5、6节点上选择数据集10M，20M，30M运行的效率，实验结果如图2所示：

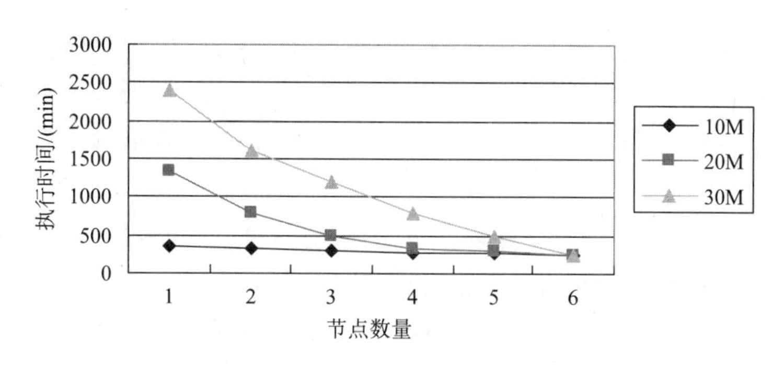

图2　扩展性能试验

由图2表明，随着节点数目的增加，执行时间反而在减少，由此说明节点增加能够提高系统对大数据的执行效率和运行速度，能够很好地体现出可扩展性。

6　结　语

本文依据 Hadoop 云平台的 MapReduce 数据模型，利用协同过滤算法中的关联规则推荐和基于用户的协同过滤算法对全省及全国部分省市中学测验、考试练习等大数据进行挖掘及分析，向用户智能推荐需要强化的教材知识点、测试和习题，由于首先用到了关联规则推荐算法，相关知识点的数据量已经大大减少，这对后来基于用户的协同过滤算法的运用，已经有效的减轻了稀疏性与冷启动问题，改进了推荐质量。最后将算法移植在 Hadoop 云平台上实现，减少了数据量和系统运行压力，解决算法面临的扩展性问题。

参考文献

[1]　李高敏．基于协同过滤的教学资源个性化推荐技术的研究及应用［D］．北京：北京交通大学，2011：32－33.

[2]　曾子明．电子商务推荐系统和智能谈判技术［M］．武汉：武汉大学出版社，2008：70－187.

[3]　丁雪．基于数据挖掘的图书智能推荐系统研究［J］．情报理论与实践，2010，33：107－110.

[4]　王滔，白似雪．基于 web 挖掘中最大频繁项目集的研究［J］．微计算机信息，2007，23：139－140. 2007. 15. 056.

[5]　肖峻，耿芳，杜柏均等．基于关联规则的城市电力负荷预测模型智能推荐［J］．天津大学学报：自然科学与工程技术版，2010. 12.

[6]　项亮．推荐系统实践 M．北京：人民邮电出版社．2012：51－59.

[7]　赵伟，李俊峰等．Hadoop 云平台下的基于用户协同过滤算法研究［J］．2015.

[8] 赵建龙. 基于协同过滤推荐技术的学习资源个性化推荐系统研究［D］. 浙江工业大学.2011.

[9] 程飞，贾彩燕. 一种基于用户相似性的协同过滤推荐算法［J］. 计算机工程应用技术，2013，35（5）：164－169.

[10] 田保军，张超，苏依拉，刘利民等. 基于 Hadoop 的改进协同过滤算法研究［J］. 内蒙古农业大学学报（自然科学版），2015.

[11] Huang Z，Zeng D，Chen H. A comparison of collaborative－filtering recommendation algorithms for e－commerce［J］. IEEE Intelligent Systems，2007，22（5）：68－78.

[12] Dean J，Ghemawat S. MapReduce：Simplified data process－ing on large cluseters［J］. Communications of the ACM，2005，51（1）：107－113.

作者简介

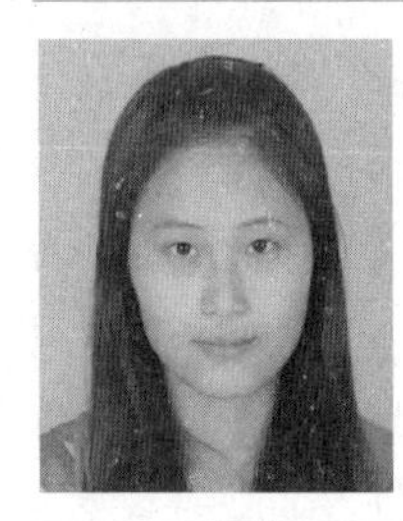

李冰莹（1992—），女，石家庄铁道大学信息科学与技术学院教育技术学专业，硕士研究生，电子邮件：1522872449@qq.com，研究方向：智能教学。

王学军（1968—），男，河北省石家庄人，教授，硕士研究生导师，电子邮件：wangxj@stdu.edu.cn，主要研究领域：数字图像处理，信息系统，远程教育。

基于云平台和数据挖掘的中学学习分析研究

孟洁 王学军

（石家庄铁道大学信息科学与技术学院，河北石家庄市 050043）

Research of Middle School Learning Analytics based on Cloud Platform and Data Mining

Meng Jie, Wang Xuejun

(School of Information Science and Technology, Shijiazhuang Tiedao University, Shijiazhuang 050043, China)

【摘要】随着教育信息化的发展，智慧教育的理念已经深入到教学中的方方面面，“云+端”的移动学习和泛在学习在中学教育中越来越盛行，在教育过程中产生了大量与学生学习、教育资源及教师教学等相关的数据，然而这些数据并没有得到很好的利用。针对于此，提出了基于云平台与数据挖掘的中学学习分析研究方案。该方案利用云平台和数据挖掘技术，针对学生的学习行为、学习时间、学习成绩、练习测试等进行学习分析，了解学生的学习偏好、学习特点，为帮助学生高效学习、教师有效教学、管理者决策提供依据，实现学生智能学习、教师智能教学、教育智能管理。

【关键词】云平台 数据挖掘 学习分析 智慧教育

【Abstract】 With the development of education informationization, wisdom education concept has been deeply into all aspects of teaching, Mobile learning and ubiquitous learning with mobile learning and cloud computing are more and more popular in the middle school education. In the process of education, a large number of relevant data, such as students' learning, educational resources and teachers' teaching, etc., However, these data are not very good use. In view of this, the research plan of the middle school learning analysis based on cloud platform and data mining is proposed. The program uses cloud platform and data mining technology, Analysis of the learning behavior, learning time, learning performance, testing and so on, to understand students' learning preferences and learning characteristics, to provide the basis for helping students to study effectively, and the basis for effective teaching and management, To achieve the students' intelligent learning, teachers' intelligent teaching, and educational intelligence management.

【Keywords】 Cloud Platform　Data Mining　Learning Analytics　Wisdom Education

伴随着物联网、云计算、大数据、移动通讯设备不断进步和发展，智慧教育的理念越来越受重视。智慧教育是依托物联网、云计算、无线通信等新一代信息技术所打造的物联化、智能化、感知化、泛在化的教育信息生态系统[1]。在教育领域，数字化学习被广泛应用，各种虚拟学习环境提供了大量的关于学生在虚拟环境中使用和参与的数据信息，同样，这些原始数据多且复杂，教育工作者是无法对其进行处理的，需要专门的工具，于是数据挖掘技术在教育领域兴起并日趋成熟，教育领域中大数据的应用主要有教育数据挖掘和学习分析两大方向。张进宝等人提出了智慧教育云架构，指出智慧教育云具有服务情境识别、智能信息提取、智能信息处理、智能信息检索、智能信息推送等五个方面的关键技术特征[2]。智慧教育的发展不断改变着教育中的教学资源、教学方式、学习方式，教育过程中产生的大量与学生学习、教育资源及教师教学等相关的数据没有发掘其潜在的价值，然而这些海量的学习信息以数据的形式蕴含着学习者的隐性行为特征，通过云平台架构和数据挖掘技术对大量学生的行为数据进行分析，获得学生学业成绩的总体情况进而为教师决策提供参考[3]，促进教师的专业发展，通过学习分析了解学生的学习现状，发现其薄弱环节，能够给学生设计出针对性的学习方案，实现个性化的教学服务。

1 学习分析

学习分析是近年来大数据在教育领域较为典型的应用。中国学者顾小清认为，学习分析是围绕与学习者学习信息相关的数据，运用不同的分析方法和数据模型来解释这些数据，根据解释的结果来探究学习者的学习过程和情景发现学习规律[4]。具体来说，学习分析技术就是对学习者的学习过程进行记录、跟踪、分析，对学习者行为进行预测，评估学习者的学习状态和效果，继而干预学习，提高学习者学习绩效的技术[5]。

目前教育领域中大数据的应用主要有教育数据挖掘和学习分析两大方向，两个研究方向虽然同源，却在研究目的、研究对象和研究方法等方面截然不同，但研究表明二者结合运用才能更好地促进教育教学。新媒体联盟将学习分析定义为：利用松散耦合的数据收集工具和分析技术，研究分析学习者学习参与、学习表现和学习过程的相关数据，进而对课程、教学和评价进行实时修正。学习分析主要关注的是课程和部门的分析，直接受益者是学习者、导师和部门管理者。相比教育数据挖掘，学习分析更加强调对学习过程和学习情境的实时优化。学习分析技术应用于创建学生学习过程的完整学习档案[6]，学习档案包括学习时间、学习路径、对知识点和学习资源的主观评价以及测试反馈等[7]。学习分析数据之间的关系十分复杂。基于大数据的特点，学习分析能够很好地解释数据间的相关关系。

关于学习分析的研究方向，国际上主要集中在学习分析服务框架、分析方法、工具与可视化工具领域，国内主要集中于综述和应用分析。随着在线教育和教育数据的不断增长，在教育大数据的背景下学习分析应运而生，大数据性是学习分析的主要特点。学习分析和教育数据挖掘，是教育大数据的两个主要应用领域。学习分析过程中面临海量数据的采集、存储、分析问题，需要根据社会分析方法，在人的干预下优化学习情境，这些问题离不开强有力的技术支持。其中，数据挖掘技术和云平台技术成为驱动学习分析技术的关键因素。

2　教育数据挖掘

2.1　数据挖掘技术

随着教育信息化的发展，教育数据越来越多，形成了数据爆炸但知识匮乏的现状。如何从大量的教育数据中发现有用的知识，提高数据的利用价值成为研究重点。数据挖掘技术被应用到教育领域，数据挖掘就是从大量的、不完全的、有噪声的、模糊的、随机的实际应用数据中，提取隐含在其中的、人们事先不知道的、但又是潜在有用的知识的过程[8]。数据挖掘是一个以数据库、数理统计、人工智能、可视化四大支柱技术为基础，多学科交叉、渗透、融合形成的新的交叉学科，其研究内容十分广泛。

教育数据挖掘主要作用是对教育数据库中的大量数据进行抽取、转换、分析和其他模型化处理，从中提取辅助教育决策和促进学习者个性化学习的关键性数据，是综合运用数理统计、机器学习和数据挖掘的技术和方法对教育大数据进行处理和分析，通过数据建模发现学习者学习成果与学习内容、学习资源和教学行为等变量的相关关系来预测学习者未来的学习趋势[9]，其中用于学习分析的常用的数据挖掘算法是贝叶斯网络算法。利用贝叶斯网络的方法挖掘学生学习行为，构建学习风格模型，为学生提供适合学习风格的学习对象，表现在个性化的媒体类型、资源序列、交流工具等方面。

2.2　贝叶斯网络方法

贝叶斯网络（Bayesiannetworks）也被称为信念网络（Belifnetworks）或者因果网络（Cuaaslnetworks），是描述数据变量之间依赖关系的一种图形模式，是一种用来进行推理的模型[10]。贝叶斯网络通过指定一组条件独立性假设（有向无环图）以及一组局部条件概率集合来表示联合概率分布。在贝叶斯网络应用中，通过建立网络结构模型和给出的条件概率表，就可以利用贝叶斯网络进行概率推导。通过新数据的观测值推导未知特征的条件概率分布，或在子空间上的边缘分布，从而实现预测分类等功能。贝叶斯网络学习中包括两个方面的学习，网络参数的学习和网络结构的学习。

2.2.1　贝叶斯网络参数的学习

给定一个随机变量集 $X=\{X_1, X_2, X_3, \cdots, X_n\}$，其中 X_i 是一个随机变量贝叶斯网络 G 由两部分组成。其一为网络结构 S，用来表达变量之间的独立性和条件独立性。

其二为 X_i 的联合分布 p，该网络是一个多项分布的变量的集合的网络，p 可以用条件分布参数化，所有参数用 θ_s 贝叶斯网络记为

$$G = <S, \theta_s> \tag{1}$$

在贝叶斯网当中，从一个节点 X 有一条有向通路指向 Y，则称节点 X 为节点 Y 的父节点（parent），X 是 Y 的子节点（child），X_i 的所有父节点变量用集合 $pa(X_i)$ 表示，X_i 所有子节点用集合 child(X_i) 表示，变量 X_i 的参数用 θ_i 表示，则

$$\theta_s = \{\theta_1, \cdots, \theta_n\} \tag{2}$$

X 的任何取值的联合分布可以分解为

$$p(x \mid \theta_s) = \prod_{i=1}^{n} p(x_i \mid pa_i, \theta_i) \tag{3}$$

变量 x_i 有 r_i 个取值，分别以 x_i^1，…，x_i^{ri} 表示，并且 x_i 的父节点集合有 q_i 个取值分别表示 pa_i^1，…，$pa_i{}^q$ 表示，则 x_i 的参数

$$\theta_i = \{\theta_{i1}, \cdots, \theta_{iq}\} \tag{4}$$

$x_i = k$ 在 pa_i^j 下的条件概率为

$$p(x_i^k \mid pa_i^j, \theta_i) = \theta_{ijk} > 0 \tag{5}$$

则

$$\theta_{ij} = \{\theta_{ij1}, \cdots, \theta_{ijr_i}\} \tag{6}$$

若参数 θ_{ij} 之间相互独立，则有

$$p(\theta_s) = \prod_{i=1}^{n} \prod_{j=1}^{q_i} p(\theta_{ij}) \tag{7}$$

若数据是完全数据，则有

$$p(\theta_s \mid D) = \prod_{i=1}^{n} \prod_{j=1}^{q_i} p(\theta_{ij} \mid D) \tag{8}$$

我们知道 θ_{ij} 的先验概率服从 Dirichlet 分布 D（$\theta_{ij} \mid \alpha_{ij1}, \cdots, \alpha_{ijri}$），则 θ_{ij} 的后验概率也服从 Dirichlet 分布

$$\theta_{ij} \mid D \sim D\ (\theta_{ij} \mid \alpha_{ij1} + N_{ij1}, \cdots, \alpha_{ijr_i} + N_{ijr_i}) \tag{9}$$

其中，N_{ijk} 表示数据 D 中满足 $X_i = X_i^k$ 以及 $pa_i = pa_i^j$ 的样本数据。

2.2.2　贝叶斯网络结构的学习

在贝叶斯网络算法实际应用中，需要的条件独立性检验的次数和备选的网络结构的数量庞大，计算量也是非常大的，这里采用因果结构的贝叶斯后验的计算方法 $p(S \mid D)$ 表示在数据 D 的结构 S 的后验分布，由贝叶斯定理得

$$p(S \mid D) = \frac{p(S)p(D \mid S)}{p(D)} \propto P(S)P(D \mid S) \tag{10}$$

其中 $p(S)$ 为 S 的先验，$P(D \mid S)$ 为数据的似然函数，且

$$p(D \mid S) = \prod_{i=1}^{n} \prod_{j=1}^{q_i} \frac{\Gamma(\alpha_{ij})}{\Gamma(\alpha_{ij} + N_{ij})} \prod_{k=1}^{r_i} \frac{\Gamma(\alpha_{ijk} + N_{ijk})}{\Gamma(\alpha_{ijk})} \tag{11}$$

3 教育云平台

目前，中国推广利用信息技术开展教育工作，鼓励电子化学习，在线学习资源丰富，例如，MOOCs、微课、电子教材、移动课件、可进化的内容库等。传统教学资源重复建设、分布松散、难以共享和互操作，大部分教学资源建设只是堆积罗列多门课程及相关教学资源[11]，教学资源无法自动适应变化，无法做到持续更新，不能确保人才培养的适用性，不能为学生提供个性化的教学。针对存在的这些问题，云计算数据中心为大规模用户提供“按需使用，随需应变”的服务，关键技术包括海量资源聚合与共享、大规模流媒体交互等，这将显著提高中学教育资源的利用效率，节约前期投入和整体教育云平台的运维成本[12]。云计算的优势被描述为：资源灵活、安全可控、数据可靠、节约成本、提高计算使用率、统一管理、更廉价的容错性、附加的社会效应等。

近些年，教育信息化投入中，软件和服务所占比例逐步提升。云计算的出现促进了教育信息化的发展，实现了互联网上所有资源的全面共享和调配，消除了信息孤岛和资源孤岛，冲破了校园网和教育网的防线，为实现更大范围内甚至全球教育资源的全面共享和调配提供了契机[13]。教育大数据从存储管理到分析挖掘，最终传至教育云端，以供不同地点、不同层次、不同类型的学习者以不同的形式采纳学习，实现学生学习的个性化分层教学。

应用云计算和大数据技术搭建教育数据学习分析的云平台主要包括3部分用户应用服务层、数据资源处理层和基础设施硬件层。

（1）用户应用服务层。根据不同的用户访问不同的用户界面和服务，为用户提供个性化的学习资源数据资源的整合过程由平台的数据处理层来完成。针对教师平台实时反馈学习者的分析情况，反馈学生的学习风格和偏好，跟踪学习的全过程，针对学生的学习行为、学习偏好进行分析，针对学生的薄弱环节进行复习和测试，根据数据挖掘和学习分析的结果帮助学生制定合理的学习进度和个性化的学习方案。

（2）数据资源处理层。该层包括数据库层、数据挖掘和学习分析层、标准化处理层。数据挖掘和学习分析是其核心部分，在与计算和大数据背景下，数据沿着“数据—分析和挖掘—发现和预测”的流程发展，运用大数据收集学生学习过程中的数据，建立教育数据之间的关联关系预测未来的教育趋势，通过数据挖掘技术和学习分析技术挖出数据中的规律和模式，探索建立预测模型[13]。应用云计算和大数据技术创建结合学生知识、动机和态度为一体的学生模型预测学生未来的学习行为；建立综合学生模型、领域模型和软件教学模型，改善和提高学习体验和质量。

Hadoop是大数据中具有代表性的非关系数据分析技术，适合非结构和大规模的数据并行处理[15]，本文以Hadoop为基础运用MapReduce模型架构教育数据分析系统，

MapReduce是Hadoop系统架构的一部分，可以进行并行处理和生成大数据的模型，是一种线性的、可伸缩的编程模型，对非结构化、半结构化的数据处理非常有效[16]。应用MapReduce减少了数据处理的难度。面对迅速增加的复杂教育数据，利用云计算和大数据进行现代数据管理，将数据存储于云存储中心，并实时更新数据，为数据的发现、共享、整合、分析、增强和优化数据价值奠定了基础。通过对数据过滤、分析和整合，建立多资源分类结果，按照用户的不同需求进行决策，为用户访问和使用服务提供便利。对学生的信息资源进行相似度的分析，将相似的学习者合并分类，根据学习风格、偏好、学习基础等进行资源分配，为学生定制精准的个性化学习服务。并把教育数据分析的结果简洁清晰地呈现给相应学习者，让不同的学生有不同的受教育计划。

（3）基础设施硬件层。利用云计算可以解决硬件孤岛问题，对硬件资源集中管理，降低复杂性和能耗，提高设备利用率，特别是提高了系统可靠性和可用性。将服务器等硬件资源整合在一起，形成一个动态资源配置，动态按需分配给各应用系统。

云计算和大数据是当前教育产业的热点，通过构建教育资源的云平台、合理规划资源，并通过数据挖掘技术和学习分析技术，发掘教育数据的潜在价值，并以一种用户可理解的方式呈现给用户，帮助教师、学生合理地分配教学资源，为学习者提供个性化的学习服务，实现按需学习、优化教学的教育目标。

4 结 论

我们已经进入到了“数据驱动学习，分析改革教育”的大数据时代，云计算是解决教育大数据问题的唯一有效途径。云计算的关键技术是推动现代教育信息化发展的动力和源泉，云计算和数据挖掘技术的出现，为学习分析提供了新思路。本文将云计算和数据挖掘技术应用到教育大数据中，分析教育数据中信息，将其转化为有价值易于理解的知识，供学习者、教师、管理者所用，为学习者提供个性化的指导，针对学生的学习特点、学习偏好，进行分层指导，帮助学生解决偏科等问题，最大化地促进学习者的学习，帮助教师了解学生，帮助学生对症下药，实施个性化的辅导，辅助管理者做出教育决策，实现智慧教育中所提倡的智慧学习、智慧教学、智慧管理。

参考文献

[1] 杨现民. 信息时代智慧教育的内涵与特征 [J]. 中国电化教育. 2014 (1): 29 - 34.

[2] 张进宝，黄荣怀，张连刚. 智慧教育云服务：教育信息化服务新模式 [J]. 开放教育研究. 2012 (3): 78 - 79.

[3] 陈方华，白雪，孟凡媛，韩营. 数据挖掘技术在学习分析中的应用研究 [J]. 软

件导刊，2015（2）：91－92.

[4] 顾小清，张进良，蔡慧英．学习分析：正在浮现中的数据技术［J］．远程教育杂志，2012，（5）：18－24.

[5] 李艳燕，马韶茜，黄荣怀．学习分析技术：服务学习过程设计和优化［J］．开放教育研究，2012，（5）：18－24.

[6] Romero C, Ventura S. Data Mining in E－learning［M］. Southampton, UK: Wit－Press, 2012..

[7] 罗虹．医学统计学微课程教学的构建与学习分析研究［D］．上海：第二军医大学，2014.

[8] 孟卓，袁梅宇．教育数据挖掘发展现状及研究规律的分析［J］．教育导刊，2015（2）：29－33.

[9] 胡天状，数据挖掘技术在教育决策支持系统中的应用［D］．金华：浙江师范大学，2005.

[10] 徐鹏，王以宁，刘艳华，张海．大数据视角分析学习变革［J］．远程教育杂志. 2013（6）：12－17.

[11] 薛嘉，云计算下教学互动平台的探究和设计［D］．成都：西南交通大学，2011.

[12] 王金凤．云计算对高等教育信息化的促进［J］．科教导刊. 2015（3）：154－155.

[13] 杨志和．教育资源云服务本体与技术规范研究［D］．上海：华东师范大学，2012.

[14] Hung, J. L., Hsu, H. C., Rice, K.. Integrating Data Mining in Program Evaluation of K－12 Online Education［J］. Educational Technology & Society, 2012,（3）：27－41.

[15] 费姗姗．基于Hadoop平台的数据挖掘研究［D］．北京：北京邮电大学，2013.

[16] Jensd, Jorge A. Efficient Big Data Processing in Hadoop MapRe－duce［A］. Proc of the 38th International Conference on Very Large Data Bases（VLDB）［C］. New York: USA, ACM, 2012: 2014－2015.

作者简介

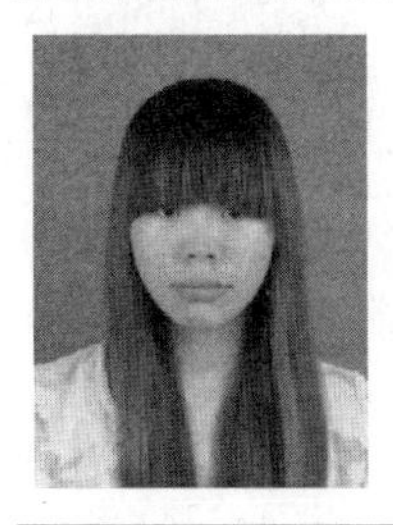

孟洁（1989—），女，河北省石家庄人，石家庄铁道大学信息科学与技术学院教育专业，硕士研究生，电子邮件：351764378@qq.com，研究方向：智能教学。

王学军（1968—），男，河北省石家庄人，教授，硕士研究生导师，电子邮件：wangxj@stdu.edu.cn，主要研究领域：数字图像处理，信息系统，远程教学。

混合与协作学习下的学生体验质量评价

许康　王正友

（石家庄铁道大学信息科学与技术学院，河北石家庄市 050043）

Students' quality of experience evaluation under the blended and collaborative learning

Xu Kang, Wang Zhengyou

(School of Information Science and Technology, Shijiazhuang Tiedao University, Shijiazhuang 050043, China)

【摘要】目前高校的教育理念和教学策略相对保守，为了改变传统的教学模式，取得更好的教学效果，对研究生课程《新媒体技术》采用混合与协作学习的模式进行教学。将混合学习、协作学习、项目学习有机地进行整合，充分调动了学生学习的积极性，提升综合素养，培养科研精神。依据以学生为主体的原则，提出学生体验质量这一术语。通过这种教学过程建立了学生体验质量的评价模型，采用模糊层次分析法（FAHP）对学生体验质量进行综合评价，从而更直观准确地了解学生对于新型教学模式体验效果，为以后的教学进行有益的指导。

【关键词】混合学习　协作学习　学生体验质量　FAHP

【Abstract】 Education ideas and teaching strategies in colleges are relatively conservative. In order to change the traditional teaching mode and achieve a better teaching effect, the graduate course the new media technology adopted the mode of blended learning and collaborative learning in teaching. Blended learning, collaborative learning and project learning are organically integrated, which fully aroused the enthusiasm of the students' learning, improved comprehensive quality and cultivated the spirit of scientific research. Based on the principle of student - oriented, the term "quality of the student experience" is put forward. During the teaching process, the evaluation model of students' quality of experience is established. Fuzzy analytic hierarchy process was used to have a comprehensive evaluation of students' quality of experience. Thus the experience effect new teaching mode for students will be more intuitive and accurate understanding and have a beneficial guidance for the future teaching.

【Keywords】 Blended Learning　Collaborative Learning　Students' Quality of Experience　FAHP

目前，人们可以方便地通过网络获取知识。结合传统学习与 E－learning（数字化或网络化学习），教育者提出了混合学习这种新的学习理念。传统的课堂学习采用“以教为主”的方式，教师发挥主导作用，监控整个教学活动进程。这种方式有利于系统科学知识的传授和教学目标的达成，但它忽视了学生的“学”，不能促进学生自主学习。而混合学习可以很好地弥补不足，做到教与学并重，充分调动了学习者的积极性，又能丰富学习资源。此外，在当今社会，良好的协作意识和团队精神是非常必要的。很多项目都需要团队合作才能更好更快地完成。因此，对《新媒体技术》这门课采用了混合与协作的教学模式，通过这种形式完成了本门课的教学。

学生是教育的主体，应该充分考虑学生的需求，保障他们的切身利益。因此，学生体验引起教育学者的关注，并把它作为教育活动中的重要部分。很多大学都开展了基于学生体验的问卷调查，国外一些知名大学依据学生体验的调查结果，把它作为评价学校排名的一个重要指标。为了对学生体验进行更深入、具体的研究，本文结合混合与协作学习的教学方式，对参与课程的学生给予问卷调查，通过调查结果，提取影响体验质量的相关因素，并建立学生体验的评价指标体系，通过数学建模的方法，更加科学直观地对学生体验质量进行综合评价。通过分析评价结果，可以对今后的教学过程进行改善，提高学生体验质量，更好地促进学生的学习和发展。

1 混合与协作学习的教学模式

1.1 混合式协作学习的定义

彭绍东教授认为混合式协作学习是指恰当选择与综合运用各种学习理论、学习资源、学习环境、学习策略中的有利因素，使学习者结成学习共同体，并在现实时空与网络虚拟时空的小组学习活动整合和社会交互、操作交互以及自我反思交互中，进行协同认知，培养协作技能与互助情感，以促进学习绩效最优化的理论与实践[1]。本文的研究主要是充分利用各种有效资源，使用课堂和在线两种方式，通过小组协作的方式完成教学任务。

1.2 协作学习的分类

众多学者从不同的角度对协作学习活动进行不同的分类和解释，赵建华、李克东将协作学习分为七种主要模式，即竞争、辩论、合作、问题解决、伙伴、设计和角色扮演[2]。黄荣怀教授依据四种不同的知识类型（事实性知识、概念性知识、程序性知识、元认知知识）来设计不同类型的学习活动，其中协作学习活动大致包括资料收集、讨论交流、角色扮演、反思等[3]。鉴于其诸多优势特征，并从学习内容的角度进行分析，混合式学习环境下协作学习活动可以分为：概念学习类、问题解决类、作品设计类[4]。

1.3 分组方案及实施

为了保证协作学习取得良好的效果，就要对小组进行合理划分。多数情况下，学习分组都依据组内异质，组间同质的划分原则。组内异质是将个人特征差距较大的划分在一起，这样有利于思维的碰撞，产生创新的想法。组间同质是为了保证小组之间的差异大体均衡，使小组之间展开公平的竞争。鉴于本课程结合本课程的特点，不依附于其他学科，没有可选的成绩作为参考，而且是小班教学，小组划分的依据主要考虑的因素有性别，学习风格。

这里初步采用所罗门学习风格测试卷。所罗门（Barbara A. Soloman）从信息加工、感知、输入、理解四个方面将学习风格分为4个组8种类型，它们是：活跃型与沉思型、感悟型与直觉型、视觉型与言语型、序列型与综合型，并设计了具有很强操作性的学习风格量表，可以较好地进行学习风格的测试。用此问卷对学生进行了答题测试，给出每位学生的测评分数。然后通过分数、性别进行合理组合，保证组间分数基本相近，组内学生分数差值较大。教师分组完成后，也要充分考虑学生的意愿。最后结合同学们的意见，可对分组做适当的调整。对于此门课程来说，这种分组比较简单高效合理。

学生个体之间是有差异的，每个学生会在某方面的能力比较突出，其他方面可能会有所欠缺，合理分组可以让学生间的优势互补，相互促进。有意识地进行分组干预，进行优化组合，使小组成员都很好地融入进去，共同进步。

1.4 混合与协作学习的框架设计

结合《新媒体技术》这门课程，基于混合与协作学习理论，给出本课程教学模式的基本框架，如图1所示。

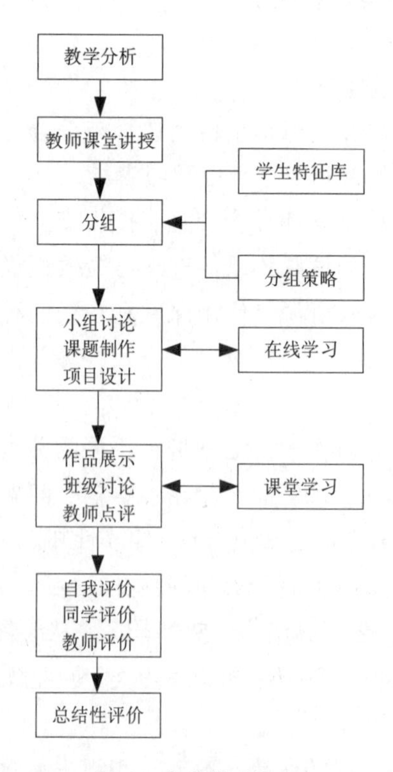

图1　教学模式框架

教师要制定详细的教学计划，明确教学目标。建立关于一个讨论组，课前给出内容提纲，让学生做好课前准备，课上对课程内容进行系统讲授。为了更好地辅助教学，针对本课程开发手机APP教学软件，提供相关的学习资源，也可用于课上为小组活动进行评分，还能提供师生交流等功能。

本课程为32学时，将预留出12课时，要求小组成员通过协作学习的方式完成任务并进行课上汇报。协作学习分为两个环节，课题制作和项目设计。为了更好地进行项目设计，先完成课题制作这个相对简单的环节，增进小组成员之间的协作关系，了解混合学习的教学模式，培养新的学习方式，熟悉过程评价的方式。项目设计是一项比较复杂的过程，要求设计任务要有创新，此外为了需求，需要展开调研等各种活动，充分锻炼了学生的综合能力。

具体的实施过程主要分为小组讨论，课题制作/项目设计，作品展示，班级讨论，学生评分，教师点评。小组协作主要是在线协作学习。在协作过程中，每个学生都要积极参与，借助聊天记录、语音、视频等对小组间协作过程做好详细记录。记录将会作为课程成绩评定的参考。在成果展示完成后，将给出小组评分，并进行详细的讨论，包括同学评价、个人评价、教师评价。任务完成以后，对记录内容进行整理分析，并给出总结性评价，作为教学的反馈。

2 学生体验质量的相关概念

2.1 学生体验

中国教育学界对体验的界定，有观点认为体验是多方面交织的复杂过程，是“主体内在的历时性的知、情、意、行的亲历、体认与验证。它是一种活动，更是一个过程，是生理和心理、感性和理性、情感和思想、社会和历史等方面的复合交织的整体矛盾运动”[5]。也有观点认为：“体验既是一种活动，也是一种结果”[6]。在传统的教学中，教师占主导地位，学生的主体意识被淡化，没有在教学过程中充分考虑学生的需求。

对于传统教学方式的学生体验，主要是课堂上的学生体验。课堂体验重点考虑的是影响课堂教学的主要因素。这些因素的优良程度直接体现出学生在课堂学习过程中的感受。为了进一步提高研究生的教育质量，对研究生课程采用混合与协作学习的教学模式。因此，学生体验又会增加在线学习体验和协作学习体验两个环节。

基于以学生为中心的原则，通过三年的教学实践，不断完善教学模式，促进整个教学过程中的学生体验。尊重学生体验，就是保障学生的主体地位，使学生更好地融入教学过程中，提高自主学习的意识，活跃创新思维，最大限度地提升学生的科学素养及专业技能，最终达到研究生培养目标。

2.2 学生体验质量

本文给出学生体验质量的定义：学生对于整个教学活动主观上的认可程度。介于本文的研究是面向教学过程中的学生体验，因此给出的学生体验质量定义比较具有针对性。学生体验质量主要包括两个重要因素，学生和教学活动。因此对于完成教学活动的学生给予问卷调查，得出主观的数据。可以采取文献分析法，问卷调查法，聚类分析等方法，来确定学生体验质量的影响因素，从而建立正确的评价体系。

对于常规的学生体验，一般采取的是定性评价，这通常导致评价结果模糊笼统，弹性较大，难以精确把握。而研究学生体验质量的意义就是要采取一种合适的方法建立一个评价模型，对主观的体验数据进行量化处理，给出体验质量评分，以保证评价的可靠性，直观性。

3 学生体验质量评价

3.1 评价方法

应用模糊综合评价和层次分析法（AHP）对体系中的数据进行处理，获得学生体验质量的综合性判断。因为学生体验质量的影响因素并不是唯一确定的值，评价体系中的相关因素可以通过模糊隶属度函数进行合理量化。

3.2 模糊综合评价的基本步骤

确立评价指标体系；设定评价集并确立评价因素的隶属度函数；确定评价因素的权重；进行模糊综合评判[7]。

3.2.1 确立适用于教学过程的可用性评价指标体系

确定被评价对象的因素集合 $U=\{u_1, u_2, \cdots, u_n\}$，确立了评价体系中一级指标，为课堂学习、在线学习和协作学习。

3.2.2 确立评语集和隶属度函数

首先把指标的评价标准分为5个等级｛优，良，中，次，劣｝，即定义学生体验质量的等级；然后通过专家确定指标的阈值（V_1，V_2，V_3，V_4，V_5，V_6），即定义指标在每个等级上的取值范围；最后根据所构造的隶属度函数将度量值和阈值进行比较得到各数据项的质量等级。

构造评价等级上的隶属度函数。设 A 为指标在评语集 V 上的模糊子集，则可构造的隶属度函数。之后通过专家评定法与问卷调查的方式来确定各因素的程度。

3.2.3 确定评价因素的权重

步骤1 建立权重比较矩阵，假设要确定 n 个评价因素的权重，为 $n \times n$ 个矩阵。

步骤2 计算判断矩阵的权重值，具体计算方法有多种，本文采用和积法，按如下步骤进行计算：将判断矩阵按列归一化；将归一化后的矩阵按行相加；对向量归一化，即可得其权向量。

步骤3 计算一致性比率 CR，进行判断矩阵的一致性检验。

3.2.4 进行多级模糊评价[8]

当因素集 U 和评语集 V 确定后，便可为某特定指标体系建立二者间的模糊关系矩

阵 R。$B=A\times R=(b_1 \quad b_2 \quad b_3\cdots b_m)$。之后对评价等级进行赋值、代入，即可得出 a，即为质量评价得分。

4 结　论

通过混合与协作的教学方式，把课堂学习和在线学习两种学习模式的优势进行有机整合，提高了教学绩效，培养了学生自主学习和协作学习的能力。适当缩短教师讲授的课时，增加学生的实践环节，有利于学生的个性化发展以及多方面能力的培养。总之，既发挥了教师的引导、启发、监控教学过程的主导作用，又充分体现学生作为学习主体的主动性、积极性和创造性。

在做课题或者项目设计之前，小组协作过程中遇到问题除了成员之间的讨论，如果有必要可以与老师及时沟通，以免偏离主题，或者没有达到教学目标。教师可以适当加以引导，但是不能过多干预，影响学生的自主发挥。在没有适应这种学习模式之前，在小组协作过程中，对于那些不适应小组学习，或者学习不积极、总依靠其他成员的学生，教师需要对这些学生给予更多的关注和引导，让他们切实得到锻炼。

学生是课程的主要参与者和体验者，教育中的各种改革也是为了更好地服务于学生。高度关注重视学生体验成为教育发展的必要趋势。为了确保学生体验质量评价的准确性，一定要构建合理的评价体系。利用模糊评价方法可以弥补由于学生体验模糊属性带来的评估上的偏差。运用模糊层次分析法对学生体验的混合与协作学习的过程进行建模，对评价体系中各项指标进行了量化分析，并计算出学生体验质量的结果。通过此评价模型，能够更科学合理地描述学生学习的体验过程，更准确直观地评价的学生体验质量。本文的后续研究主要是完善评价体系，建立二级指标，收集相关数据，实例化模型，得出具体结果，根据结果进行分析评价。

参考文献

[1] 彭绍东．从面对面的协作学习——计算机支持的协作学习到混合式协作学习．电化教育研究，2010. 8.

[2] 赵建华，李克东．协作学习及其协作学习模式［J］．中国电化教育，2000，(10)．

[3] 黄荣怀，周跃良，王迎．混合式学习的理论与实践［M］．北京：高等教育出版社，2006.

[4] 郭宁．混合式学习环境下协作学习活动设计．优秀研究生论文库，2010.

[5] 沈建．体验性：学生主体参与的一个重要维度［J］．中国教育学刊，2001，(2)．

[6] 李英．体验：一种教育的话语：初探教育的体验范畴［J］．教育理论与实践，

2001,(12).

[7] Lewis J R. Psychometric evaluation of the PSSUQ using data from five years of usability studies [J]. International Journal of Human - Computer Interaction, 2002, 14 (3/4): 463 - 488.

[8] 李群. 不确定性数学方法研究及其在社会科学中的应用 [M]. 北京: 中国社会科学出版社, 2005.